西门子工业自动化技术丛书

# 西门子自动化系统
# 接地指南

主 编 杨 光

U0240800

机械工业出版社

由于自动化现场的电磁环境比较复杂，很多现场出现的问题都与接地有关，因此本书主要从接地的角度介绍了自动化系统如何预防电磁兼容（EMC）问题的方法和措施。其中重点介绍了西门子 PLC、IO 信号、现场总线、触摸屏和驱动系统的接地，详细描述了在各领域应用的接地方法、要求和示例，从理论和实践上对自动化系统的接地进行了全面详细的介绍。为了便于读者学习和操作，在讲解的过程中，配有大量的原理、实际设备、现场接地的图片，使读者能够更好地理解和掌握其要领。

本书特别适合自动化领域的项目设计、项目施工、系统维护以及售后服务的工程师阅读。对学习西门子自动化系统的读者，本书则可以直接作为接地的操作指南，对其他相关专业的读者也是一本不可多得的参考书籍。

## 图书在版编目（CIP）数据

西门子自动化系统接地指南/杨光主编. —北京：机械工业出版社，2016.7（2024.11 重印）
（西门子工业自动化技术丛书）
ISBN 978-7-111-54253-7

Ⅰ.①西⋯ Ⅱ.①杨⋯ Ⅲ.①自动化系统-接地保护
Ⅳ.①TP27②TM08

中国版本图书馆 CIP 数据核字（2016）第 158135 号

机械工业出版社（北京市百万庄大街 22 号　邮政编码 100037）
策划编辑：林春泉　责任编辑：林春泉
责任校对：任秀丽　责任印制：邵　敏
北京富资园科技发展有限公司印刷
2024 年 11 月第 1 版·第 4 次印刷
184mm×260mm·7.75 印张·186 千字
标准书号：ISBN 978-7-111-54253-7
定价：49.00 元

# 编 委 名 单

主　　编：杨　光

编写人员：曹建文　公殿永　刘　铎　柳　飞
　　　　　张占领

编委主任：葛　蓬

编委成员：陈晓谊　赵　欣　刘　凯　薛　龙
　　　　　赵　旭　刘书智　黄玫钰

# 序

回顾人类历史上工业发展的进程，人类已经经历了三次工业革命，分别是以水和蒸汽为动力实现工厂机械化的工业 1.0；采用电力驱动产品进行自动化生产的工业 2.0；采用电子和信息技术进一步实现工业自动化的工业 3.0。而目前，我们将要面临新的挑战，即以信息物理融合系统（CPS）为基础，以生产高度数字化、网络化、机器自组织为标志的工业 4.0。

"工业 4.0" 是德国政府在 2013 年汉诺威工业博览会上提出的概念。它描绘了制造业的未来愿景，希望在未来的若干年内，实现从智能化工厂到智能化生产的过渡。然而，这个过程不是一蹴而就的，它是基于坚实的工业基础和未来不断发展的科学技术才能逐步实现。

在全球工业大发展的大环境下，中国的工业也实现了从无到有、从小到大的跨越式的发展。我国政府近期提出的中国制造 2025 战略，更是为中国工业发展指明了方向，即由工业制造大国向工业制造强国转变。

在西门子公司伴随中国工业发展的这几十年中，不仅为中国的工业用户提供了大量的自动化产品，同时也提供了相应的技术和支持、培养了大量的自动化技术领域的技术人员，这些都为中国工业的发展提供了强有力的保障，而未来在实现工业 4.0 和中国制造 2025 的过程中，西门子公司还将扮演着更重要的角色。

设备稳定高效运行是工业 4.0 或中国制造 2025 的一个基础又非常关键的指标，控制系统的可靠及稳定是这一指标提升和实现的保障。电气系统的各种干扰一直困扰着设计调试及运行维护人员。如何保证工厂的正常生产、保证设备和生产线的正常运行，也是人们需要持续关注的一个话题。西门子公司的工程师们通过把日常技术活动中的知识和理论加以整理，在实践中不断试验，探索，总结经验，形成了本书的内容，即自动化设备在使用过程中应如何接地。

本书不仅从理论上对电气系统的接地原理进行了阐述，更是尽可能多地将西门子公司各个类别产品的接地方法和要求进行了总结，同时配备了大量详实的图例和说明，将系统正确的接地方法和规范都进行了阐述，对于使用西门子公司自动化产品的用户来讲，这将是一本非常实用的接地参考书籍。同时，相信本书对于广大自动化行业的设计人员、现场施工和维护工程师也有一定的借鉴作用。

葛 蓬

西门子工业集团核心专家

# 前　　言

随着电气、电子、信息技术的不断进步，工业自动化领域内的项目规模和复杂程度也都在不断地增加。由于大功率电机、变频器等设备的增多，再加上现场总线、工业网络等技术的应用，控制系统的电磁兼容（EMC）问题也越来越普遍。由于大多数工业自动化领域的工程师对电磁兼容问题的了解不是很深入，或者经验不是很丰富，因此在系统设计或者项目实施阶段很少注意系统的电磁兼容方面存在的问题，最终不仅导致项目实施后整个控制系统出现电磁兼容方面的问题，而且往往对电磁兼容方面的问题感到束手无策，不能尽快处理，以致对生产造成损失。

其实，出现的电磁兼容问题多数都涉及屏蔽、滤波以及接地。无论是屏蔽还是滤波，最终都是靠接地来实现的，因此接地是处理电磁兼容问题的一个基础。

对于广大西门子工控产品的用户来讲，由于西门子的产品和资料比较多，因此在做项目设计或施工过程中，许多工程师很难一下找齐所有设备接地方面的资料。另外，工业自动化系统对设备接地的一般要求和西门子控制系统在实际应用中应如何接地，许多工程师并不了解。

为了减少现场出现 EMC 问题，帮助广大西门子产品用户了解西门子工业自动化系统接地方面的知识，作者特编写此书，对西门子控制设备的接地进行了全面的介绍。其中主要介绍了西门子控制系统供电方式及接地原理、西门子主流 PLC 设备和系统的接地要求、西门子上位机（HMI 及工控机）的接地要求。西门子 PROFIBUS 以及 PROFINET 现场总线的接地要求。西门子过程控制系统及 DCS 系统的接地要求。西门子驱动系统的接地要求以及西门子低压保护系统的接地要求，以及接地铜排选择等相关内容，涵盖了整个控制系统的各个部分，帮助工程师系统、全面地掌握西门子控制系统设备的接地方法和规范。

为了便于工程师学习和理解，在用文字说明和列出原理图的基础上，给出了大量设备接地的实际照片图和说明。同时在书的最后还附上了检查表，便于工程师对项目中相应的子系统是否符合接地要求进行检查，有助于及时发现问题进行整改，从而避免后期电磁兼容问题的发生。因此，本书是一本内容全面、理论结合实际、具有实际参考价值的书籍。

参加本书编写的还有曹建文、公殿永、刘铎、柳飞、张占领等同事，他们都是各领域产品的专家，分别负责编写各自领域的产品及章节。在编写过程中，大家克服困难，非常认真地收集信息，整理资料，编写内容，为本书的最终完成付出了辛勤的劳动。另外，在本书编写过程中，还得到了西门子公司核心专家葛蓬先生的大力支持和指导，对本书提出了大量的建议。同时，在本书编写过程中，还得到了部门相关领导和同事们的大力支持，在此一并表示衷心的感谢！

　　由于时间短，加之作者水平有限，书中难免有错误和不足，敬请读者批评指正。


　　　　　　　　　　　　　　　　　　　　　　　　　主编　杨光

# 目　录

# 第1章 接地原理

## 1.1 接地的相关概念

### 1.1.1 地

"地"指的是一个零电位、零阻抗的实体。任何电流在其中流过时，均不会产生压降。当然这是理想状态，是不存在的。严格意义上讲，"地"应该指的是"参考地"，即系统（设备）中一个公共参考电位点。

**1. 参考地**

理想的参考地可以为系统（设备）中的任何信号提供公共的参考电位，并且各个接地点之间不存在电势差。理想的参考地并不存在，在实际应用中可以将一块金属板（例如柜内的安装背板、接地铜排甚至是柜体的金属框架等）当作参考地。

**2. 地电位**

大地可以认为是一个电阻非常低、容电量非常大的物体，拥有吸收无限电荷的能力，而且在吸收大量电荷后仍能保持电位不变，常被作为电气系统中的参考地来使用。

在实际应用中，与大地紧密接触并形成电气连接的一个或一组导电体称为接地极，通常采用圆钢或角钢，也可采用铜棒或铜板。当流入地中的电流通过接地极向大地作半球形散开时，在距单根接地极或碰地处 20m 以外的地方，实际已没有什么电阻存在了，该处的电位已趋近于零。因此，通常可以认为地电位为零。

### 1.1.2 接地

将系统或装置的某一部分经接地线连接到接地极称为接地。

连接到接地极的导线称为接地线。接地极与接地线合称为接地装置。若干接地体在大地中互相连接则组成接地网。接地线又可分为接地干线和接地支线。按规定，接地干线应采用不少于两根导体在不同地点与接地网连接。电力系统中接地的点一般是中性点。

装置的接地部分为外露可导电部分，它是装置中能被触及的可导电部分，它正常时不带电，故障情况下可能带电。

**1. 接地的作用**

接地的主要作用是防止人身遭受电击，防止设备和线路遭受损坏，预防火灾，防止雷击，防止静电损害和保障系统正常运行。

**2. 接地的种类**

接地是为保证电气设备正常工作和人身安全而采取的一种安全措施，是通过金属导线与接地装置连接，而接地装置将电气设备和其他生产设备上可能产生的漏电流、静电荷以及雷电电流等引入地下，从而避免人身触电和可能发生的火灾、爆炸等事故来实现的。不同的接地系统所起到的作用也是不一样的。

在自动化设备现场，我们把接地分为保护接地、工作接地、屏蔽接地以及防雷接地等。

（1）保护接地

将电气设备的金属外壳（正常情况下不带电）用导线与接地体连接起来的一种保护接线方式，防止在设备绝缘损坏或意外情况下金属外壳带电时可能引起的强电流通过人体，用以保证人身安全。一般要求保护接地电阻值应小于4Ω。

（2）工作接地

为了加以区别，这里将工作地分为交流工作地和直流工作地。

交流工作接地主要是指变压器中性点或中性线（N线）接地。一般情况下，交流工作地（N）不与其他接地相连接。

直流工作地指的是为了保证系统正常工作，对于直流电源以及设备提供的一个稳定的基准电位。

一般要求工作接地电阻值应小于4Ω。

（3）屏蔽接地

为了防止外部电磁场干扰，在屏蔽体与地或干扰源的金属壳体之间所做的电气连接称为屏蔽接地。一般要求屏蔽接地电阻值应小于4Ω。

（4）防雷接地

顾名思义，主要是防止因雷击而造成的损害。工厂防雷一般为整体结构防雷，就是主厂房防雷，主要基础为安装接地极、接地带，形成一个接地网，接地电阻小于10Ω，再与主厂房的钢筋或钢构的主体连接。水泥混凝土屋顶接避雷带或避雷针，墙外地面还得留有接地测试点，钢构应用镀锌扁铁作直接引到屋顶。一般要求屏蔽接地电阻值应小于10Ω。

## 1.2　接地原理

低压系统接地形式可以分为TN、TT、IT等3种。

其中第1个字母（T或I）指电源系统对地的关系，表示如下：

T——某点对地直接连接；I——所有的带电部分与地隔离或某点通过高阻抗接地。

第2个字母（N或T）指装置的外露可导电部分对地的关系，表示如下：

T——外露可导电部分与地直接做电气连接，它与系统电源的任何一点的接地无任何连接。

N——外露可导电部分与电源系统的接地点直接做电气连接（在交流系统中，电源系统的接地点通常是中性点，或者如果没有可连接的中性点，则与一个相导体连接）。

而后续的字母（S或C等）则表示N与PE的配置，表示如下：

S——将与N或被接地的导体（在交流系统中是被接地的相导体）分离的导体作为PE。

C——N和PE功能合并在一根导体中（PEN）。

**1. TN系统**

可分为单电源系统和多电源系统，应分别符合下列要求：

（1）单电源系统

TN 电源系统在电源处应有一点直接接地，装置的外露可导电部分应经 PE 接到接地点。TN 系统可按 N 和 PE 的配置，可分为下列类型：

1）TN-S 系统，整个系统应全部采用单独的 PE，装置的 PE 也可另外增设接地，如图 1-1～图 1-3 所示。

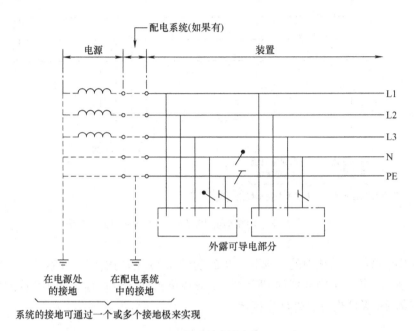

图 1-1　全系统将 N 与 PE 分开的 TN-S 系统

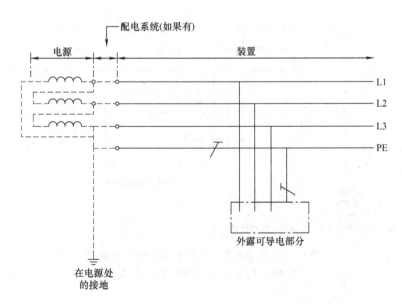

图 1-2　全系统将被接地的相导体与 PE 分开的 TN-S 系统

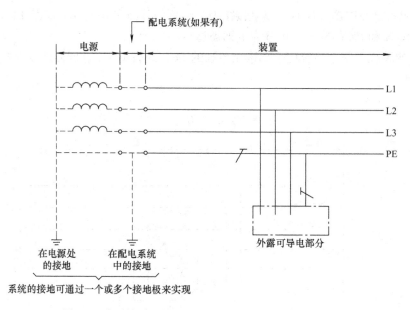

图 1-3　全系统采用接地的 PE 和未配出 N 的 TN-S 系统

2）TN-C-S 系统，系统中的一部分，N 的功能和 PE 的功能应合并在一根导体中，如图 1-4 ~ 图 1-6 所示。图 1-4 中装置的 PEN 或 PE 导体可另外增设接地。图 1-5 中对配电系统的 PEN 和装置的 PE 导体也可另外增设接地。

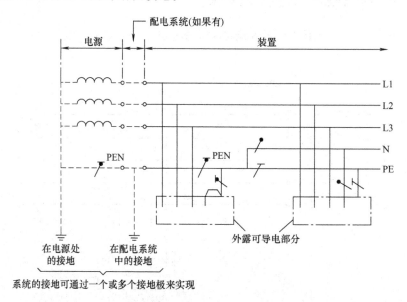

图 1-4　在装置非受电点的某处将 PEN 分离成
PE 和 N 的 3 相 4 线制的 TN-C-S 系统

其中，受电点指的是客户受电装置所处的位置。为接受供电网供给的电力，并能对电力进行有效变换、分配和控制的电气设备，如高压客户的一次变电站或变压器台，开关站，低

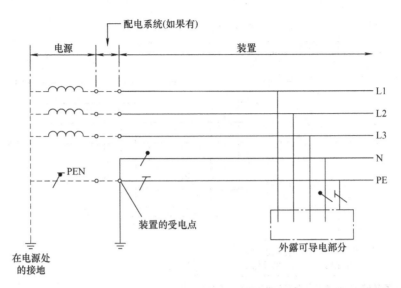

图1-5　在装置的受电点将PEN分离成PE和N的3相4线制的TN-C-S系统

压客户的配电室、配电屏等，都可称为用电户的受电装置。

另外，需要注意的是，PE和N一旦分开，就不能再重新合并。

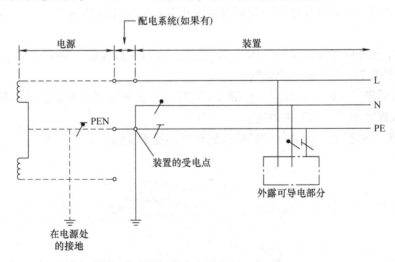

图1-6　在装置的受电点将PEN分离成PE和
N的单相2线制的TN-C-S系统

3）TN-C系统，在全系统中，N的功能和PE的功能应合并在一根导体中，如图1-7所示。装置的PEN也可另外增设接地。

（2）多电源的TN系统

对于具有多电源的TN系统，应避免工作电流流过不期望的路径。

对于具有多电源的TN系统（见图1-8）和对用电设备采用单独的PE和N的多电源TN-C-S系统（见图1-9），应符合下列要求：

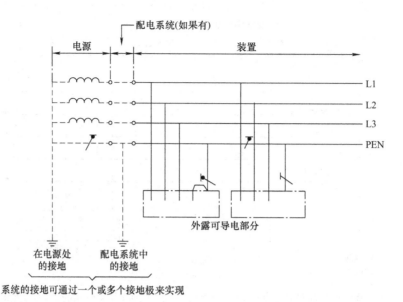

图 1-7　全系统采用将 N 的功能和 PE 的功能合并于一根导体的 TN-C 系统

1）不应在变压器的中性点或发电机的星形点直接对地连接；

2）变压器的中性点或发电机的星形点之间相互连接的导体应绝缘，且不得将其与用电设备连接；

3）电源中性点间相互连接的导体与 PE 之间，应只一点连接，并应设置在总配电屏内；

4）对装置的 PE 可另外增设接地；

5）PE 的标志，应符合现行国家标准 GB 7947《人机界面标志标识的基本和安全规则导体的颜色或数字标识》的有关规定；

6）系统的任何扩展，应确保防护措施的正常功能不受影响。

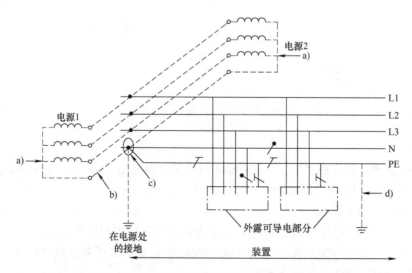

图 1-8　对用电设备采用单独的 PE 和 N 的多电源 TN-C-S 系统

对用电设备采用单独的 PE 和 N 的多电源 TN-C-S 系统，仅有两相负载和三相负载的情况下如图 1-9 所示，在相导体之间，无需配出 N，PE 宜多处接地。

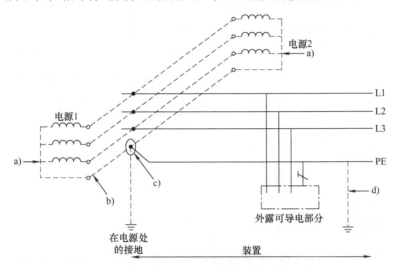

图 1-9　给两相或三相负载供电的全系统内只
有 PE 没有 N 的多电源 TN 系统

### 2. TT 系统

应只有一点直接接地，装置的外露可导电部分应接到在电气上独立于电源系统接地的接地极上，如图 1-10 和图 1-11 所示。对装置的 PE 可另外增设接地。

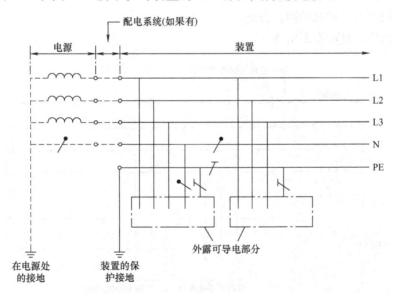

图 1-10　全部装置都采用分开的中性导体和保护导体的 TT 系统

TT 系统图与 TN 系统图的差别，在于设备所连接的 PE 与电源侧提供的 PE 是分开的。

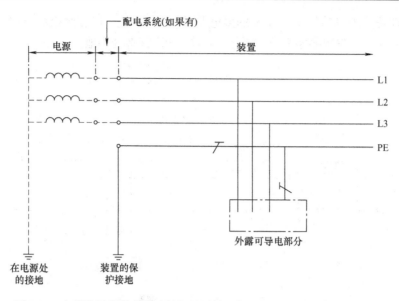

图 1-11　全部装置都具有接地的保护导体，但不配出中性导体的 TT 系统

### 3. IT 电源系统

所有带电部分应与地隔离，或某一点通过阻抗接地。电气装置的外露可导电部分，应被单独或集中接地，也可按国家标准 GB 16895.21—2004《建筑物电气装置　第4-41 部分：安全防护-电击防护》的第 413.1.5 条的规定，接到系统的接地上，如图 1-12 和图 1-13 所示。对装置的 PE 可另外增设接地，并应符合下列要求：

1）该系统可经足够高的阻抗接地；

2）可配出 N，也可不配出 N。

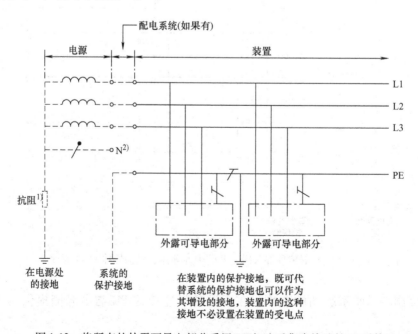

图 1-12　将所有的外露可导电部分采用 PE 相连后集中接地的 IT 系统

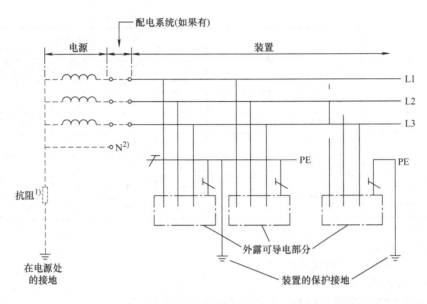

图 1-13　将外露可导电部分分组接地或独立接地的 IT 系统

# 1.3　接地装置和保护导体

## 1.3.1　接地装置

**1. 接地极**

1）对接地极的材料和尺寸的选择，应使其耐腐蚀且具有适当的机械强度。

埋入土壤中的耐腐蚀和满足机械强度要求的常用材料接地极的最小尺寸，应符合表 1-1 的规定。有防雷装置时，应符合现行国家标准 GB 50057—2010《建筑物防雷设计规范》的有关规定。

表 1-1　埋入土壤中的耐腐蚀和满足机械强度要求的常用材料接地极的最小尺寸

| 材料 | 表面 | 形　状 | 最小尺寸 | | | | |
|---|---|---|---|---|---|---|---|
| | | | 直径 /mm | 截面积 /mm² | 厚度 /mm | 镀层/护套的厚度/μm | |
| | | | | | | 单个值 | 平均值 |
| 钢 | 热镀锌或不锈钢 | 带状 | — | 90 | 3 | 63 | 70 |
| | | 型材 | — | 90 | 3 | 63 | 70 |
| | | 深埋接地极用的圆棒 | 16 | — | — | 63 | 70 |
| | | 浅埋接地极用的圆线 | 10 | — | — | — | 50 |
| | | 管状 | 25 | — | 2 | 47 | 55 |
| | 铜护套 | 深埋接地极用的圆棒 | 15 | — | — | 2000 | — |
| | 电镀铜护层 | 深埋水平接地极 | — | 90 | 3 | 70 | — |
| | | 深埋接地极用的圆棒 | 14 | — | — | 254 | — |

（续）

| 材料 | 表面 | 形　　状 | 最小尺寸 | | | | |
|------|------|----------|----------|----------|----------|----------|----------|
| | | | 直径/mm | 截面积/mm² | 厚度/mm | 镀层/护套的厚度/μm | |
| | | | | | | 单个值 | 平均值 |
| 铜 | 裸露 | 带状 | — | 50 | 2 | — | — |
| | | 浅埋接地极用的圆线 | — | 25 | — | — | — |
| | — | 绞线 | 每根1.8 | 25 | — | — | — |
| | | 管状 | 20 | — | 2 | — | — |
| | 镀锡 | 绞线 | 每根1.8 | 25 | — | 1 | 5 |
| | 镀锌 | 带状 | — | 50 | 2 | 20 | 40 |

注：1. 热镀锌或不锈钢可用作埋在混凝土中的电极；

　　2. 不锈钢不加镀层；

　　3. 钢带为带圆边轧制的带状或切割的带状；

　　4. 铜镀锌带为带圆边的带状；

　　5. 在腐蚀性和机械损伤极低的场所，铜圆线可采用16mm²的截面积；

　　6. 浅埋指埋设深度不超过0.5m。

2）接地极应根据土壤条件和所要求的接地电阻值，选择一个或多个。

3）接地极可采用下列设施：

● 嵌入地基的地下金属结构网（基础接地）；

● 金属板；

● 埋在地下混凝土（预应力混凝土除外）中的钢筋；

● 金属棒或管子；

● 金属带或线；

● 根据当地条件或要求所设电缆的金属护套和其他金属护层；

● 根据当地条件或要求设置的其他适用的地下金属网。

4）在选择接地极类型和确定其埋地深度时，应符合现行国家标准 GB 16895.21—2004《建筑物电气装置　第4-41部分：安全防护　电击防护》的有关规定，并结合当地的条件，防止在土壤干燥和冻结的情况下，接地极的接地电阻增加到有损电击防护措施的程度。

5）应注意在接地配置中采用不同材料时的电解腐蚀问题；

6）用于输送可燃液体或气体的金属管道，不应用作接地极。

**2. 接地导体**（线）

1）接地导体（线）应符合下述第1.3.2节的规定；埋入土壤中的接地导体（线）的最小截面积应符合表1-2的要求。

表1-2　埋入土壤中的接地导体（线）的最小截面积

| 防腐蚀保护 | 有防机械损伤保护 | 无防机械损伤保护 |
|------------|------------------|------------------|
| 有 | 铜：2.5mm² | 铜：16mm² |
| | 钢：10mm² | 钢：16mm² |
| 无 | 铜：25mm² | 钢：50mm² |

2）接地导体（线）与接地极的连接应牢固，且应有良好的导电性能，并应采用放热焊接、压接器、夹具或其他机械连接器连接。机械接头应按厂家的说明书安装。采用夹具时，不得损伤接地极或接地导体（线）。

**3. 总接地端子**

1）在采用保护连接的每个装置中都应配置总接地端子，并应将下列导线与其连接：

● 保护连接导体（线）；

● 接地导体（线）；

● PE（当 PE 已通过其他 PE 与总接地端子连接时，则不应把每根 PE 直接接到总接地端子上）；

● 功能接地导体（线）；

2）接到总接地端子上的每根导体，连接应牢固可靠，应能被单独地拆开。

## 1.3.2 保护导体

**1. PE 的最小截面积**

1）每根 PE 的截面积均应符合国家标准《建筑物电气装置 第 4-41 部分：安全防护 电击防护》GB 16895.21-2004 的第 411.1 条的要求，并应能承受预期的故障电流。PE 的最小截面积可按下式计算，也可按表 1-3 确定。

表 1-3 PE 的最小截面积

| 相线截面积 $S_a$/mm² | $S_a \leqslant 16$ | $16 < S_a \leqslant 35$ | $S_a > 35$ |
|---|---|---|---|
| 相应 PE 的最小截面积/mm² | $S_a$ | 16 | $S_a/2$ |

2）不属于电缆的一部分或不与相线共处于同一外护物之内的每根 PE，其截面积不应小于下列数值：

● 有防机械损伤保护：铜为 2.5mm²，铝为 16mm²；

● 没有防机械损伤保护：铜为 4mm²，铝为 16mm²。

3）当两个或更多个回路共用一个保护导体时，其截面积应按下列要求确定：

● 按回路中遭受最严重的预期故障电流和动作时间，其截面积按本条第 1）款计算；

● 对应于回路中的最大相线截面积，其截面积按表 1-3 选定。

**2. PE 线的要求**

1）PE 应由下列一种或多种导体组成：

● 多芯电缆中的芯线；

● 与带电线共用的外护物（绝缘的或裸露的线）；

● 固定安装的裸露的或绝缘的导体；

● 金属电缆护套、电缆屏蔽层、电缆铠装、金属编织物、同心线、金属导管。

2）装置中包括带金属外护物的设备，其金属外护物或框架同时满足下列要求时，可用作保护导体：

● 能利用结构或适当的连接，使对机械、化学或电化学损伤的防护性能得到保护，并保持电气连续性；

● 在每个预留的分接点上，允许与其他保护导体连接。

3）下列金属部分不应作为 PE 或保护连接导体：

- 金属水管；
- 含有可燃性气体或液体的金属管道；
- 正常使用中承受机械应力的结构部分；
- 柔性或可弯曲金属导管（用于保护接地或保护联结目的而特别设计的除外）；
- 柔性金属部件；
- 支撑线。

**3. PEN 线的要求**

1）PEN 应只在固定的电气装置中采用，铜的截面积不应小于 $10mm^2$ 或铝的截面积不应小于 $16mm^2$。

2）PEN 应按可能遭受的最高电压加以绝缘。

3）从装置的任一点起，N 和 PE 分别采用单独的导体时，不允许该 N 再连接到装置的任何其他的接地部分，允许由 PEN 分接出的 PE 和 PEN 超过一根以上。PE 和 N，可分别设置单独的端子或母线，PEN 应接到为 PE 预设的端子或母线上。

**4. 保护和功能共用接地应符合的要求**

1）保护和功能共用接地用途的导体，应满足有关 PE 的要求，并应符合国家标准 GB 16895.21《建筑物电气装置　第4-41 部分：安全防护　电击防护》的有关规定。信息技术电源的直流回路的 PEL 或 PEM，也可用作功能接地和保护接地两种共用功能的导体。

2）外界可导电部分不应用作 PEL 和 PEM。

3）当过电流保护器用作电击防护时，PE 应合并到与带电导体同一布线系统中，或设置在靠过电流保护器最近的地方。

4）预期用作永久性连接，且所用的 PE 电流又超过 10mA 的用电设备，应按下列要求设置加强型 PE。

- PE 的全长应采用截面积至少为 $10mm^2$ 的铜线或 $16mm^2$ 的铝线。
- 也可再用一根截面积至少与用作间接接触防护所要求的 PE 相同，且一直敷设到 PE 的截面积不小于铜 $10mm^2$ 或铝 $16mm^2$ 处，用电器具对第 2 根 PE 应设置单独的接线端子。

**5. 保护连接导体**（等电位连接导体）

作为总等电位连接的保护连接导体和按照上述第 1.3.1 节第 3 条总接地端子的规定接到总接地端子的保护连接导体，其截面积不应小于下列数值：

- 铜为 $6mm^2$；
- 镀铜钢为 $25mm^2$；
- 铝为 $16mm^2$；
- 钢为 $50mm^2$；

**6. 作辅助连接用的保护连接导体应符合下列要求：**

1）连接两个外露可导电部分的保护连接导体，其电导不应小于接到外露可导电部分的较小的 PE 的电导；

2）连接外露可导电部分和外界可导电部分的保护连接导体的电阻，不应大于相应 PE 1/2 截面积导体所具有的电阻；

3）应符合上述第 1.3.2 条第 1 条的规定。

# 第 2 章　西门子自动化控制系统的接地

## 2.1　PLC 系统的接地规范

西门子 PLC 分为 S7-200、S7-300、S7-400、S7-1200 以及 S7-1500 系列。其中 S7-200 PLC 为小型 PLC，使用方式与 S7-200Smart 以及 S7-1200 一致，因此主要介绍的是 S7-300、S7-400、S7-1200 以及 S7-1500 系列 PLC 在模块接地、屏蔽线处理等方面的内容，而 S7-200 PLC 产品的相关内容可以参考其手册。

### 2.1.1　S7-300 PLC 的接地规范

S7-300 PLC 是西门子应用最多的 PLC 产品，由于西门子其他系列的 PLC 系统的特性与 S7-300 PLC 产品均类似，因此介绍的接地规范适用于所有 PLC 系列。

**1. S7-300 PLC 系统接地的总原则**

对于 PLC 及控制系统整体的供电及接地的要求，主要有以下几点原则：

1）系统主回路采用三相五线制供电，主回路须增加相应的开关及保护装置。

2）负载电源从主回路供电中取电，如果是多个负载电源，则应按照负载均衡的原则进行分配。

3）负载侧电源，无论是直流还是交流，均应增加短路和过载保护。

4）系统接地电阻不大于 4Ω。

5）机柜中的接地母线与系统的 PE 线相连。

6）机柜的外壳、设备安装背板均应保证通过金属部件连接在一起，并与接地母线相连。

7）设备安装背板应考虑 EMC 特性（例如采用镀锌板）。

8）系统中的电气设备的 PE 端子应与接地母线相连，并保证就近相连以及连接电缆尽量粗、尽量短的原则。

9）应注意柜内电气设备的其他接地要求。

关于这些原则，请参考 S7-300 PLC 的供电及接地原理图，如图 2-1 所示。

**2. S7-300 PLC 系统的接地规范**

（1）电源模板（PS307）的接地要求

对于电源模板，供电均采用 220V/120V 交流电源，注意电源需要连接 PE 线。电源模板输出为 CPU 及模板提供 DC 24V 电源，如图 2-2 所示。

注意：

如果将 M 和 L+ 端子的极性接反，则 CPU 的内部熔丝便会熔断。始终将电源模块的 M 和 L+ 端子与 CPU 的这两个端子互连。

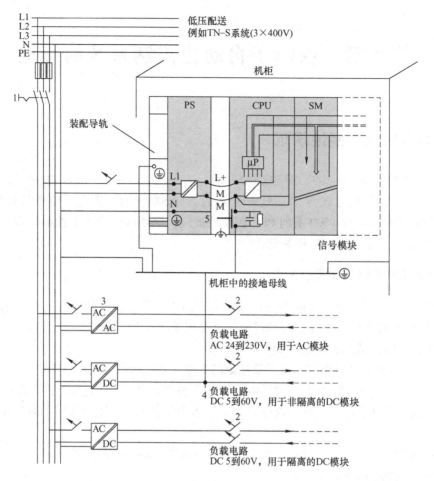

图 2-1　系统供电、接地原理图

1—主开关　2—短路和过载保护　3—负载电流源（电气隔离）

4—接地导体的可拆卸连接，用于定位接地故障

5—CPU（非 CPU 31×C）的接地滑动触点

（2）CPU 的接地连接

1）CPU 31× 接参考地电位

在 S7-300 的 CPU 的电源端子处，插着一个滑动金属片，将该滑动金属推进去时，DC 24V 的 M 端将通过该滑动金属片与 CPU 的安装导轨相连，通过导轨实现接地，所有从 M 来的干扰电流都可以被释放至接地导线/地，如图 2-3 所示。

默认情况下，滑动金属片都是推进去的。

因此，当安装具有接地参考电位的 S7-300 时，不要拔出接地滑动触点。

实际设备中如图 2-4 所示。

2）CPU 31× 浮地系统

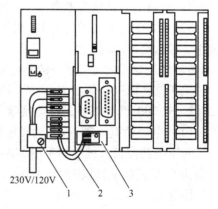

图 2-2　PS 电源和 CPU 连接示意图

1—电源电缆上的电缆夹　2—PS 和 CPU 之间的连接电缆　3—可拆卸的电源连接器

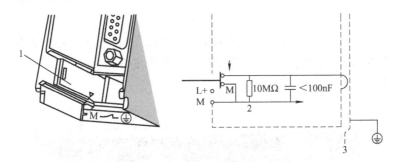

图 2-3　CPU 31×的接地参考电位示意（默认状态）
1—处于接地状态的接地滑动触点　2—内部 CPU 电路的接地电位　3—装配导轨

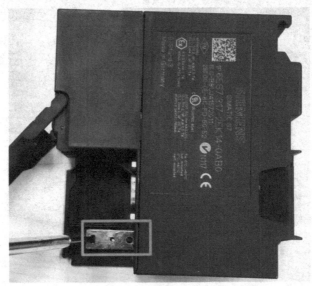

图 2-4　CPU 上的滑动金属片未拔出

如果系统的"地"不干净，或者希望将系统做成浮地的，则可以将该金属滑动片撬出，此时 M 和导轨分开，系统与"地"是不直接相连的，而是通过 RC 回路进行隔离连接的。如图 2-5 所示。

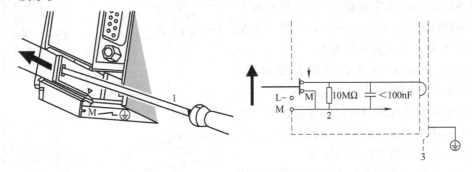

图 2-5　CPU 31×的未接地参考电位示意
1—在 CPU 中创建未接地参考电位　用刀口宽度为 3.5mm 的螺钉旋具顺
箭头所指方向往前推动接地滑动触点，直至其卡入安装位置
2—内部 CPU 电路的接地电位　3—装配导轨

注意：

应在导轨上安装设备之前首先设置未接地参考电位。如果已经安装并且用导线连接了 CPU，则在拔出接地滑动触点之前可能不得不断开 MPI 接口。

实际设备中如图 2-6 所示。

图 2-6　拔出 CPU 上的金属滑动片

（3）IO 模板的接地要求

1）数字量模板

S7-300 系列的数字量输入/输出模板并不需要特殊额外的接地处理，只是对于提高系统 EMC 特性来讲，需注意以下几点：

● 数字量输入/输出的导线长度要求：1000m 屏蔽线，600m 非屏蔽线。

● 屏蔽电缆处理屏蔽层时请注意：始终使用金属夹夹住编织带屏蔽层。保证大面积的接触屏蔽层，并提供适当的接触压力。

图 2-7 显示了使用电缆夹安装屏蔽电缆的几种处理方式。

实际的安装可参考图 2-8 所示。

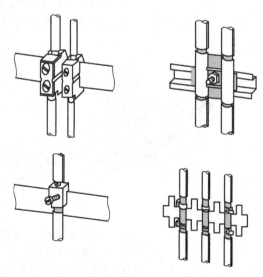

图 2-7　电缆夹安装屏蔽电缆示意图

图 2-8　屏蔽层在柜内通过电缆夹卡在接地排上

　　而数字量输出模块有时需进行抑制保护。但由于 S7-300 数字输出模块内部集成了浪涌抑制器，因此对于电感设备来讲，仅在下列情况之下才需要附加的浪涌抑制设备：

　　● SIMATIC 输出回路可以用外部的设备（如继电器触点）来切断；

　　● 如果感性负载不由 SIMATIC 模块控制。

　　①DC 线圈　采用二极管或齐纳二极管可以抑制直流电源驱动的线圈所产生的浪涌电压，如图 2-9 所示。

　　图 2-10 是直流接触器上增加续流二极管的实际应用。

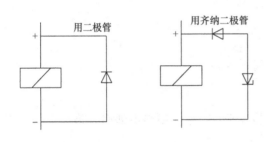

图 2-9　DC 线圈的浪涌抑制

图 2-10　直流接触器上的续流二极管

　　用二极管或齐纳二极管作抑制器具有下列特点：

　　● 可避免开关动作时产生的过电压，齐纳二极管有较高的关断电压；

　　● 提高了关断延迟时间（比没有抑制器时高出 6 ~ 9 倍）。由齐纳二极管组成的抑制器的关断比二极管抑制器快。

　　②AC 线圈　用压敏电阻或 RC 网络可抑制以 AC 电源驱动的线包所产生的浪涌电压，如图 2-11 所示。

　　图 2-12 是交流接触器上增加压敏电阻和 RC 回路的实际应用。

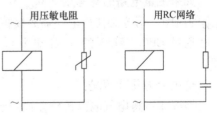

图 2-11　AC 线圈的浪涌抑制

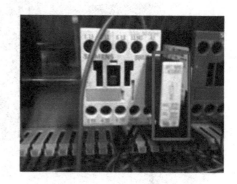

图 2-12　交流接触器上的续流回路（压敏电阻和 RC 回路）

用压敏电阻作抑制器具有下列特点：

- 开关时的过电压的幅度可以被限制，但不能衰减；
- 浪涌电压陡峭的上升沿仍保持不变；
- 关断延时短；
- 另外，压敏电阻有电压幅值的要求（一般是高于正常工作电压的 10%），不能长时间的过压，否则有可能损坏。

用 RC 回路作抑制器具有下列特点：

- 开关时的过电压的幅度和陡峭的上升沿都被降低；
- 关断延时短。

2）模拟量模板的接地要求

①模拟量信号电缆的一般要求

- 模拟量信号线采用屏蔽电缆；
- 模拟量信号线尽量短，其中

模拟量输入：最长 200m 屏蔽线；若电压范围 ≤80mV 且使用热电偶时，最长 50m（热电偶模块最长 80m）。

模拟量输出：最长 200 米屏蔽线。

- 屏蔽层做接地处理，建议采用单端接地，并在模板侧单端接地。模拟量线的屏蔽层的接地方法，如图 2-5 所示。

②电气隔离模拟量输入模块　电气隔离模拟量输入模块在测量电路的参考点（$M_{ANA}$ 和/或 M）和 CPU/IM153 的 M 端子处未进行电气互连。

如果测量电路的参考点（$M_{ANA}$ 和/或 M−）和 CPU/IM153 的 M 端子间存在任何电位差 $V_{ISO}$ 的风险，请务必使用电气隔离模拟量输入模块。

通过 CPU/IM153 的 M 和端子 $M_{ANA}$ 之间的等电位互连，可以避免电位差 $V_{ISO}$ 超过限制值。

这里分为几种情况：

情况 I：将电气隔离传感器连接到电气隔离模拟量模板。可以在接地模式或未接地模式下操作 CPU/IM 153，如图 2-13 所示。

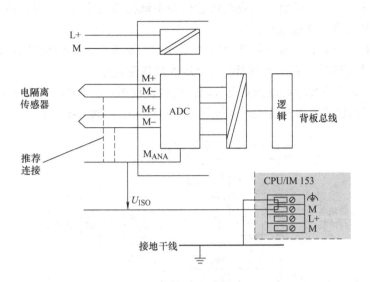

图 2-13　将电气隔离传感器连接到电气隔离 AI

在 EMC 干扰强烈的环境中，建议将 M - 和 $M_{ANA}$ 连接，以防超出 CMV 的限制值。对于 $V_{cm} \leqslant 2.5V$ 的模拟量模块，必须将 M - 和 $M_{ANA}$ 互连（推荐连接处）。

$V_{CM}$ 不得超过允许的电位差 $U_{CM}$（共模）。$V_{CM}$ 故障可存在于

- 测量输入（M +/M -）和测量电路的参考电位 $M_{ANA}$ 之间
- 在测量输入之间。

情况Ⅱ：将电气隔离传感器连接到非电气隔离模拟量模板。可以在接地模式或未接地模式下操作 CPU/IM 153，如图 2-14 所示。

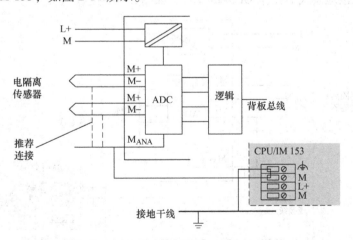

图 2-14　对电气隔离传感器接线并连接到非隔离 AI

注意：

接线并连接 2 线制传感器和电阻型传感器时，切勿将 M - 和 $M_{ANA}$ 互连。在 M - 和 $M_{ANA}$ 的互连处生成均衡电流，并破坏测量值。

③非隔离模拟量输入模块　　非隔离传感器与本地接地电位互连。使用非隔离传感器时，请务必始终将 $M_{ANA}$ 和本地接地点互连。

当地的环境条件或干扰都有可能引起本地分布的测量点之间的电位差 $V_{CM}$（静态或动态）。如果超出 $V_{CM}$ 的最大值，请用等电位导线连接各测量点。

情况 I：将非隔离传感器连接到电气隔离模拟量模板。将非隔离传感器连接到电气隔离模块时，可在接地模式或未接地模式下操作 CPU/IM153，如图 2-15 所示。

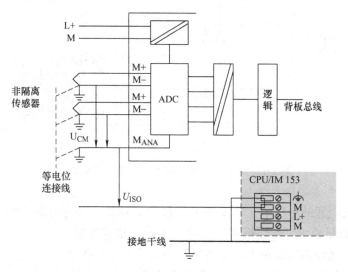

图 2-15　将非隔离传感器连接到电气隔离 AI

情况 II：将非隔离传感器连接到非隔离模拟量模板。如果将非隔离传感器连接到非隔离模块，请务必在接地模式下操作 CPU/IM 153，如图 2-16 所示。

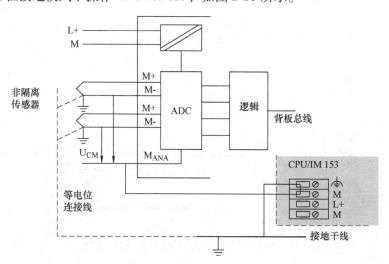

图 2-16　将非隔离传感器接线到非隔离 AI

注意：

不得将非隔离 2 线制传感器/电阻传感器连接到非隔离模拟量输入！

④模拟量输出模板的连线及接地处理　对于模拟量输出模板与负载之间的连线，与模拟量输入的处理方法类似，这里不再详细介绍，仅给出相应的图例及说明。

情况Ⅰ：将 4 线负载连接到电气隔离模块的电压输出。采用 4 线负载电路可获得更高的精度。对 S－和 S＋传感器线路直接接线并连接到负载。这样即可直接测量和修正负载电压。干扰和电压突降可能会在检测线路 S－和模拟电路 $M_{ANA}$ 的参考回路间产生电位差。此电位差不得超过设定的限制值。任何超过限制值的电位差都会对模拟信号的精度产生不利影响，如图 2-17 所示。

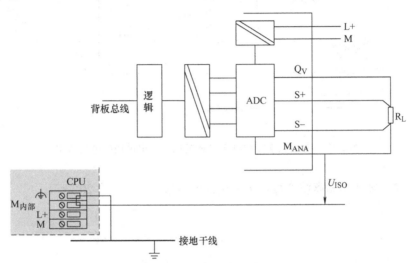

图 2-17　负载到电气隔离模拟量输出模块电压输出的 4 线制连接

情况Ⅱ：将 2 线制负载接线到非隔离模块的电压输出。将负载连接到 $Q_V$ 端子和测量电路 $M_{ANA}$ 的参考点，如图 2-18 所示。在前连接器中，将端子 S＋互连到 $Q_V$，将端子 S－互连到 $M_{ANA}$。

2 线制电路不提供线路阻抗的补偿。

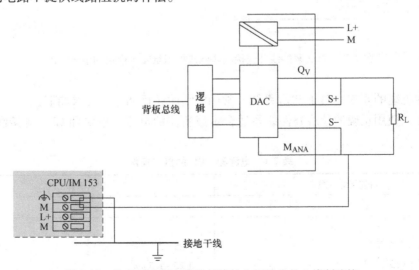

图 2-18　负载到非隔离模拟量模块电压输出的 2 线制连接

情况Ⅲ：电流型输出。

● 将负载连接到电气隔离模块的电流输出，如图 2-19 所示。

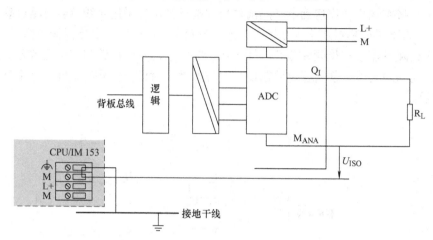

图 2-19　将负载连接到电气隔离模拟量输出模块的电流输出

● 将负载连接到非隔离模拟量输出模块的电流输出，如图 2-20 所示。

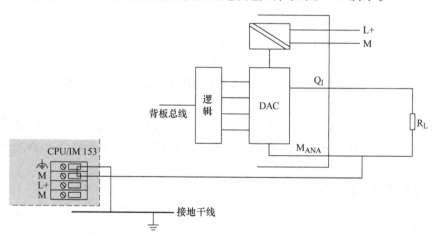

图 2-20　对负载接线并连接到非隔离模拟量输出模块的电流输出

⑤接地电缆的要求　对于 PLC 系统，常用电缆的线径和布线要求如下：

要求Ⅰ：使用正确的导线确保线径适合承载所需的电流，电源和 CPU 的接线条件见表 2-1。

表 2-1　电源和 CPU 的接线条件

| 可连接的电缆 | 到电源和 CPU |
| --- | --- |
| 实心导线 | 无 |
| 软导线 | |
| ● 不带导线末端套管 | $0.25 \sim 2.5 mm^2$ |
| ● 带导线末端套管 | $0.25 \sim 1.5 mm^2$ |

前连接器的接线条件见表 2-2。

表 2-2　前连接器的接线条件

| 可连接的电缆 | 前连接器 | |
| --- | --- | --- |
| | 20 极 | 40 极 |
| 实心导线 | 无 | 无 |
| 软导线 | | |
| 不带导线末端套管 | $0.25 \sim 1.5mm^2$ | $0.25 \sim 0.75mm^2$ |
| 带导线末端套管 | $0.25 \sim 1.5mm^2$ | $0.25 \sim 0.75mm^2$ |
| | | 电源馈线 $1.5mm^2$ |

要求Ⅱ：系统布线分组（高压/电源/信号/数据电缆），用单独的管道或单独的电缆束来布放高压、信号或数据线。数据电缆和低压电缆与其他电缆的布置要求见表 2-3。

表 2-3　数据电缆和低压电缆与其他电缆的布置要求

| 电　缆 | 和电缆 | 运　行 |
| --- | --- | --- |
| 总线信号，屏蔽（例如 PROFIBUS，PROFINET）<br>数据信号，屏蔽（编程设备、操作面板、打印机、计数器输入等）<br>模拟信号，屏蔽<br>直流电压（≤60V），未屏蔽<br>过程信号（≤25V），屏蔽<br>交流电压（≤5V），未屏蔽<br>监视器（同轴电缆） | 总线信号，屏蔽（例如 PROFIBUS，PROFINET）<br>数据信号，屏蔽（编程设备、操作面板、打印机、计数器输入等）<br>模拟信号，屏蔽<br>直流电压（≤60V），未屏蔽<br>过程信号（≤25V），屏蔽<br>交流电压（≤25V），未屏蔽<br>监视器（同轴电缆） | 在公共电缆束或电缆槽中 |
| | 直流电压（>60V且≤400V），未屏蔽<br>交流电压（>25V且≤400V），未屏蔽 | 在单独电缆束或电缆槽中（不需要最小间距） |
| | 直流和交流电压（>400V），未屏蔽 | 机柜内部：<br>　在单独电缆束或电缆槽中（不需要最小间距）<br>机柜外部：<br>　在间距至少为 10cm 的单独电缆架上 |

中压电缆与其他电缆的布置要求见表 2-4。

表 2-4　中压电缆与其他电缆的布置要求

| 电缆 | 和电缆 | 运行 |
| --- | --- | --- |
| 直流电压（>60V且≤400V），未屏蔽<br>交流电压（>25V且≤400V），未屏蔽 | 总线信号，屏蔽（例如 PROFIBUS，PROFINET）<br>数据信号，屏蔽（编程设备、操作面板、打印机、计数器输入等）<br>模拟信号，屏蔽<br>直流电压（≤60V），未屏蔽<br>过程信号（≤25V），屏蔽<br>交流电压（≤25V），未屏蔽<br>监视器（同轴电缆） | 在单独电缆束或电缆槽中（不需要最小间距） |

（续）

| 电缆 | 和电缆 | 运行 |
|---|---|---|
| 直流电压（＞60V且≤400V），未屏蔽<br>交流电压（＞25V且≤400V），未屏蔽 | 直流电压（＞60V且≤400V），未屏蔽<br>交流电压（＞25V且≤400V），未屏蔽 | 在公共电缆束或电缆槽中 |
| | 直流和交流电压（＞400V），未屏蔽 | 机柜内部：<br>　在单独电缆束或电缆槽中（不需要最小间距）<br>机柜外部：<br>　在间距至少为10cm的单独电缆架上 |

大于400V电压电缆与其他电缆的布置要求见表2-5。

表2-5　大于400V电压电缆与其他电缆的布置要求

| 电缆 | 和电缆 | 运行 |
|---|---|---|
| 直流和交流电压（＞400V），未屏蔽 | 总线信号，屏蔽（如PROFIBUS，PROFINET）<br>数据信号，屏蔽（编程设备、操作面板、打印机、计数器输入等）<br>模拟信号，屏蔽<br>直流电压（≤60V），未屏蔽<br>过程信号（≤25V），屏蔽<br>交流电压（≤25V），未屏蔽<br>监视器（同轴电缆） | 机柜内部：<br>　在单独电缆束或电缆槽中（不需要最小间距）<br>机柜外部：<br>　在间距至少为10cm的单独电缆架上 |
| | 直流和交流电压（＞400V），未屏蔽 | 在公共电缆束或电缆槽中 |

要求Ⅲ：所有地线应尽可能地短且应使用大线径。例如：最小直径为10mm²。保护导体连接导轨接线如图2-21所示。

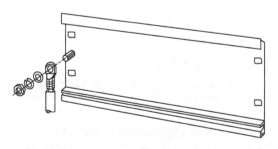

图2-21　保护导体连接导轨接线示意图

实际安装如图2-22所示。

注意：

请始终确保保护导体和导轨之间的低阻抗连接。可通过以下方法达到此目的：使用低阻抗电缆，尽可能地缩短该电缆的长度，使用较大的接触表面积。

图 2-22　现场安装的导轨接地

### 2. 1. 2　S7-400 PLC 的接地规范

S7-400 PLC 与 S7-300 PLC 类似，因此在接地方面的要求也有很多都相同之处，在此仅对 S7-400 PLC 独有的特性进行说明。

**1. S7-400 PLC 系统的接地总览**

S7-400 PLC 系统的供电是通过电源模板和背板总线实现的，这与 S7-300 PLC 系统有所区别。PS407 电源模板从供电系统取电（例如：L1、N、PE），然后给背板总线提供 DC 24V 和 DC 5V 电源，从而进一步给机架上的其他模板内部芯片提供电源。机架导轨、参考位 M 和机柜均与机柜内的接地母线连接，最后与 TN-S 供电系统的 PE 连接，如图 2-23 所示。

**2. S7-400 PLC 系统的接地规范**

（1）电源模板的接地要求

S7-400 PLC 电源模板（PS407）连接到供电电源上时需使用专用的电源连接器（插头），如图 2-24 所示。

注意：应将 PE 线进行连接。

（2）CPU 的接地连接

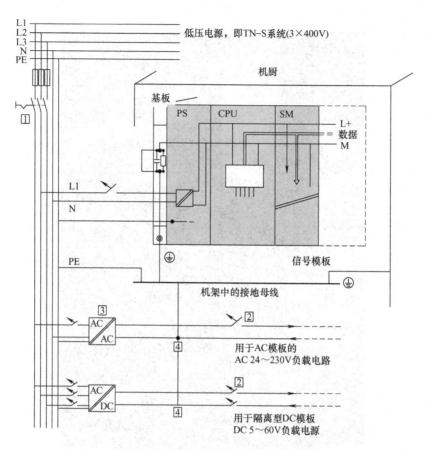

图 2-23　具有接地电源的 S7-400 PLC 系统

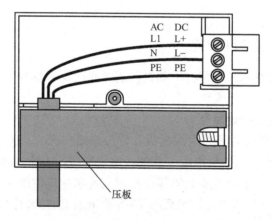

图 2-24　电源连接器接线示意图

1) 具有参考接地电位 (0V)　如果系统已有参考接地电位方式构成的,则任何扰动电流都被释放到大地中去。

在 S7-400 PLC 的安装底板的最左侧,有一个金属连接片,同时左下角还有一个接地端子。正常情况下,将接地端子接地后,系统通过金属连接片实现了系统内部参考电位 M

（0V）通过金属连接片进行接地，如图 2-25 所示。

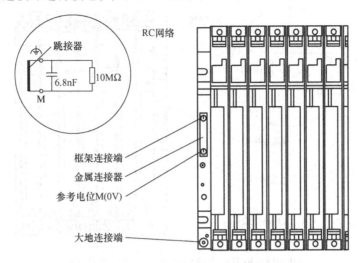

图 2-25　具有参考接地电位的 S7-400 PLC 结构

实物如图 2-26 所示。

图 2-26　S7-400 PLC 安装底板上的金属短接片

默认情况下，S7-400 PLC 系统均采用该接地方式。

2）没有参考接地电位（浮地方式）　如果在一个大型设备中，需要对地线的故障进行监测（例如：在化学工业或者在电站项目中，常有这样的要求），则需要将 S7-400 PLC 系统采用浮地的方式，此时须将金属片拆除。

在浮地系统中，由于底板上参考接地电位 M 和"地"之间的金属片被拆掉，此时 S7-400 PLC 的参考电位 M 是通过 RC 网络后才接大地接地端的。此时将左下角的接地端子进行接地处理后，可以通过 RC 回路释放扰动电流，并可避免静电荷的产生，如图 2-27 所示。

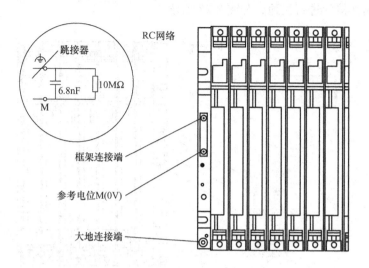

图 2-27　没有参考接地电位的 S7-400 PLC 结构

实物如图 2-28 所示。

图 2-28　S7-400 PLC 安装底板上的金属短接片被拆掉

　　如果系统只希望在 CR 处与整个设备相连接，则此时各个 ER 都是以浮地的方式处理。（例如：如果一个 ER 是通过具有 5V 电源连接的 IM 连接到 CR 的，则该 ER 必须浮地）

　　PG 如果连接到一个浮地的 S7-400 PLC 系统时，必须通过一个 RS 485 中继器来连接。

　　3）系统中存在隔离模板　如果 S7-400 PLC 系统中存在隔离的模板，则系统的参考电位（$0V_{内部}$）和外部的负载电路的参考电位（$0V_{外部}$）是隔离的，如图 2-29 所示。

　　对于输出模板，如果有额外的负载电源，则此时该负载电源与系统电源有两种可能性：隔离的或非隔离的电源。

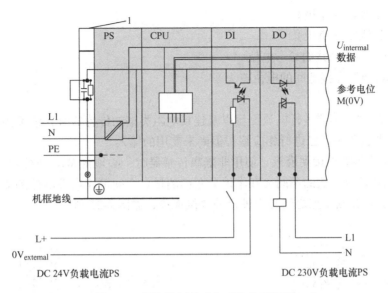

图 2-29　隔离模板的地与系统地须隔离

1）对于非隔离电源，则应将金属短接片保留，同时将系统地相连，如图 2-30 所示。

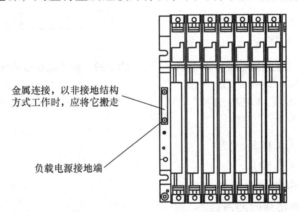

图 2-30　对于非隔离电源的接地方式

2）对于隔离电源，则负载电源的地线不与系统内的任何地线进行连接。

（3）S7-400 PLC 数字量模板的接地要求

请参看 S7-300 PLC 部分。

（4）S7-400 PLC 模拟量模板的接地要求

请参看 S7-300 PLC 部分。

1）将传感器连接到模拟量输入模板

a. 连接电隔离传感器　隔离传感器不与本地的"地电位"连接（机壳接地），它们可处于浮接状态。

为了确保在受 EMC 严重影响的环境下不超出 $U_{CM}$ 的允许值（请参看具体模板参数），请将信号测量线路的 M – 与模板的 $M_{ANA}$ 连接，如图 2-31 所示。

M＋：测量线路（正极）

M－：测量线路（负极）

$M_{ANA}$：模拟测量电路的参考电位

$U_{ISO}$：$M_{ANA}$ 与机壳接地间的电位差

注意：

当连接 2 线制传感器进行电流测量以及连接电阻类型的传感器时，请不要将 M－连接到 MANA。此规则也适用于已进行相应编程但尚未使用的输入。

b. 非隔离传感器连接到模板　使用非隔离传感器时，必须将 $M_{ANA}$ 连接到机壳接地。

根据本地条件或干扰的不同，在本地分布的测量点之间可能出现电位差 $U_{CM}$，如果超过 $U_{CM}$ 的允许值，则在测量点之间必须进行等电位连接，如图 2-32 所示。

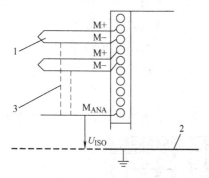

图 2-31　将隔离传感器连接到电隔离 AI 模板
1—电隔离传感器　2—外壳接地
3—对于带 $M_{ANA}$ 的模块，需要进行连接

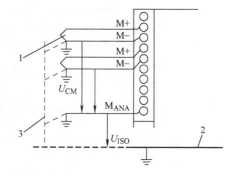

图 2-32　将非隔离传感器连接到电隔离 AI 模板
1—非隔离传感器　2—机壳接地
3—等电位连接导线

M＋：测量线路（正极）

M－：测量线路（负极）

$M_{ANA}$：模拟测量电路的参考电位

$U_{ISO}$：$M_{ANA}$ 与机壳接地间的电位差

2）将负载/执行器连接到模拟量输出

对于隔离的模拟量输出模块，在测量电路 $M_{ANA}$ 的参考点和机壳接地之间没有电气连接。如果在测量电路 $M_{ANA}$ 的参考点和机壳接地之间出现电位差 $U_{ISO}$，则必须使用隔离的模拟量输出模块。通过 $M_{ANA}$ 端子和机壳接地之间的等电位连接导线，可确保 $U_{ISO}$ 不超过允许值。

a. 对负载/执行器连接到电压输出

● 负载到电压输出的 4 线制连接

采用 4 线负载电路可获得更高的精度。对 S－和 S＋传感器线路直接接线并连接到负载。这样即可直接测量和修正负载电压。

干扰和电压突降可能会在检测线路 S－和模拟电路 $M_{ANA}$ 的参考回路间产生电位差。此电位差（$U_{CM}$）不得超过允许值。任何超过限制值的电位差都会对模拟信号的精度产生不利影响，如图 2-33 所示。

L＋：DC24V 供电电压接线端

$Q_V$：模拟量输出电压

S＋：检测线路（正极）

S－：检测线路（负极）

$M_{ANA}$：模拟电路的参考电位

M：接地

$U_{ISO}$：$M_{ANA}$与机壳接地间的电位差

● 负载到电压输出的 2 线制连接

使用 2 线连接时，应在前连接器上将端子 S＋连接到 $Q_V$，将端子 S 连接到 $M_{ANA}$。但这样达不到 4 线连接的精度。而负载则连接到 $Q_V$ 和 $M_{ANA}$ 端子，如图 2-34 所示。

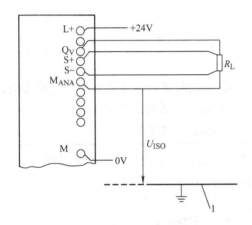

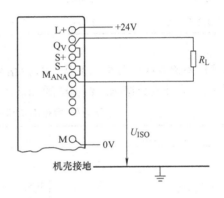

图 2-33　负载到电隔离模拟量输出
模块电压输出的 4 线制连接
1—外壳接地

图 2-34　负载到电隔离模拟量输出
模块电压输出的 2 线制连接

L＋：DC24V 供电电压接线端

$Q_V$：模拟量输出电压

S＋：检测线路（正极）

S－：检测线路（负极）

$M_{ANA}$：模拟电路的参考电位

M：接地

$U_{ISO}$：$M_{ANA}$与机壳接地间的电位差

b. 对负载/执行器连接到电流输出　负载应连接在 QI 和 $M_{ANA}$ 端子之间，如图 2-35 所示。

L＋：DC24V 供电电压接线端

$Q_1$：模拟量输出电流

$M_{ANA}$：模拟电路的参考电位

M：接地

$U_{ISO}$：$M_{ANA}$与机壳接地间的电位差

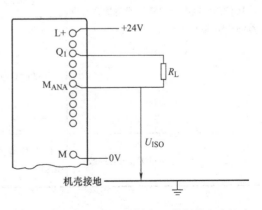

图 2-35　将负载连接到隔离 AO 模板的电流输出

### 3. S7-400 PLC 系统接地电缆的要求

线缆的选择：

1）用正确的导线确保线径适合承载所需电流，具体要求见表2-6。

表2-6　电源和前连接器的接线

| 规则 | 电源 | 前连接器 | | |
|---|---|---|---|---|
| | | 带波纹片端子 | 带螺钉型端子 | 带弹簧型端子 |
| 导体的截面积： | | | | |
| 外径 | 3～9mm | | | |
| 硬质导线 | 0.75～2.5mm² | 无 | 无 | 无 |
| 软性导线 | 0.75～2.5mm² | 0.5～1.5mm² | 0.25～2.5mm² | 0.08～2.5mm² |
| 带包头的软导线 | 0.75～2.5mm² | 无 | 0.25～1.5mm² | 0.25～1.5mm² |

2）系统布线应分组（高压/电源/信号/数据电缆），用隔离的管道或单独的电缆束来布放高压、信号或数据线。数据电缆和低压电缆与其他电缆的布置要求见表2-7。

表2-7　数据电缆和低压电缆与其他电缆的布置要求

| 电缆1 | 电缆2 | 敷设方法 |
|---|---|---|
| LAN 信号，有屏蔽（SINEC L1，PROFI-BUS）<br>数据信号，有屏蔽(编程装置,操作面板,打印机,计数器输入等等)<br>模拟信号，有屏蔽,DC（直流）电压（≤60V），没有屏蔽<br>过程信号（≤25V），有屏蔽<br>AC(交流)电压（≤25V），没有屏蔽监视器(同轴电缆) | LAN 信号，有屏蔽（SINEC L1，PROFI-BUS）<br>数据信号,有屏蔽(编程装置,操作面板,打印机计数器输入,等等)<br>模拟信号，有屏蔽 DC 电压（≤60V），没有屏蔽<br>过程信号（≤25V），有屏蔽<br>AC 电压（≤25V），没有屏蔽监视器（同轴电缆） | 在共同的电缆束中或电缆管道中 |
| | DC 电源，没有屏蔽（760V 且≤400V）<br>AC 电压，没有屏蔽（＞25V 且≤400V） | 分别捆成束，或分电缆管道（不必要有间隙） |
| | DC 和 AC 电压，没有屏蔽（＞400V） | 机柜里面：<br>分别捆成束，或分电缆管道（不必要有间隙）<br>机柜外面：<br>分离的机架，且至少相距 10cm（3.93 英寸） |
| DC 电压（＞60V 且≤400V）没有屏蔽 | LAN 信号，有屏蔽（SINEC L1，PROFI-BUS） | 分别捆束，或分电缆管道（没有最小间隙） |

中压/高压电缆与其他电缆的布置要求见表2-8。

表 2-8　中压/高压电缆与其他电缆的布置要求

| 电缆 1 | 电缆 2 | 敷设方法 |
|---|---|---|
| AC(交流)电压(>25V 且≤400V)没有屏蔽 | 数据信号,有屏蔽(编程装置、OP、打印机、计数器输入等)<br>模拟信号,有屏蔽 DC 电压(≤60V),没有屏蔽<br>过程信号(≤25V),有屏蔽<br>AC 电压(≤25V),没有屏蔽监视器(同轴电缆) | |
| | DC 电压(>60V 且≤400V,没有屏蔽 AC 电压,没有屏蔽)<br>(>25V 且≤400V,没有屏蔽) | 其一个捆束或共同电缆管道 |
| | DC 和 AC 电压(>400V),没有屏蔽 | 机柜里面:<br>分别捆成束,或分电缆管道(没有最小间隙)<br>机柜外面:<br>在各电缆机架之间至少有 10mm(3.93 英寸)的间隙 |
| DC 和 AC 电压(>400V),没有屏蔽 | LAN 信号,有屏蔽(SINEC L1,PROFIBUS)<br>数据信号,有屏蔽(编程装置,OP,打印机、计数器输入等)<br>模拟信号,有屏蔽 DC 电压(≤60V),没有屏蔽<br>过程信号(≤25V),有屏蔽<br>AC 电压(≤25V),没有屏蔽监视器(同轴电缆)<br>DC 电压(>60V 且≤400V,没有屏蔽)<br>AC 电压,没有屏蔽(>25V 且≤400V),没有屏蔽 | 机柜里面:<br>分别捆成束,或分电缆管道(没有最小间隙)<br>机柜外面:<br>在各电缆和架上至少有 10cm(3.93 英寸)间隙 |
| DC 和 AC 电压(>400V),没有屏蔽 | DC 和 AC 电压(>400V),没有屏蔽 | 共一个捆束或电缆管道 |

3) 所有地线应尽可能地短且应使用大线径，见表 2-9，例如：最小直径为 $10mm^2$。

表 2-9　接地说明

| 设　　备 | 接　地　方　法 |
|---|---|
| 机柜/框架 | 通过优质金属制成的电缆连接到地母线 |
| 基板 | 在机柜中,没有安装基板和没有通过大金属片(块)作内部连接时,应将基板通过截面积至少为 $10mm^2$ 的电缆连接到地母线上 |
| 模板 | 由于模板插入基板后,通过后底板自动接地,所以不再需要另外接地 |
| 外设 | 通过电源插头座接地 |

（续）

| 设　　备 | 接 地 方 法 |
|---|---|
| 连接用电缆的屏蔽层 | 连接到基板上或地母线上（应避免构成地线回路） |
| 传感器和执行器 | 根据该系统的有关规范来接地 |

### 2.1.3　S7-1200 PLC 系统的接地规范

**1. S7-1200 PLC 系统的接地总原则**

S7-1200 PLC 属于中小型的 PLC，在接地过程中，应注意以下原则：

● 将应用设备接地的最佳方式是确保 S7-1200 PLC 和相关设备的所有公共端和接地连接在同一个点接地。

● 该点应该直接连接到系统的大地接地。

● 所有地线应尽可能地短且应使用大线径，例如：2 mm² （14AWG）。

●确定接地点时，应考虑安全接地要求和保护性中断装置的正常运行。

S7-1200 PLC 系统如图 2-36 所示。

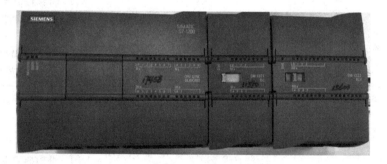

图 2-36　S7-1200 PLC 系统

（1）CPU 及系统供电

1）交流供电系统　系统取交流电源（L1、N、PE）给 S7-1200 PLC 系统供电。须将 CPU 的 PE 端子连接到系统的 PE 进行接地处理，如图 2-37 所示。

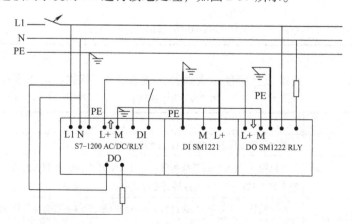

图 2-37　S7-1200 PLC 系统的交流供电及接地

CPU 侧的实际接线中，应将 PE 进行接地处理，如图 2-38 所示。

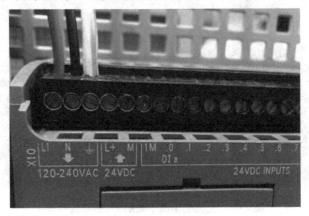

图 2-38　交流电源端子处的 PE 做接地处理

其中 CPU 还为其他模板或负载提供了 DC 24V 供电电源。在大部分的安装中，可以把该 DC 24V 电源的 M 端接地（例如：连接到机壳接地），以获得最佳的噪声抑制效果。

2）直流供电系统　同样，对于直流供电的 CPU，在大部分的应用中，把所有的 DC 电源的 M 接到地可以得到最佳的噪声抑制。

在未接地的 DC 电源的公共端与保护地间可并联电阻与电容（RC 元件）。电阻提供了静电释放通路，电容提供高频噪声通路，如图 2-39 所示。

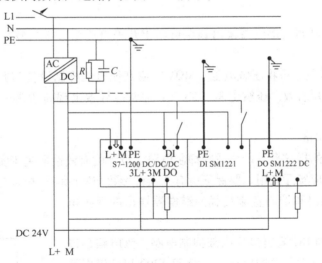

图 2-39　S7-1200 PLC 系统的直流供电及接地

在 CPU 侧的实际接线中，应将 PE 进行接地处理，如图 2-40 所示。

（2）数字量模板的使用

1）数字量模板的接线及接地要求

a. 尽量采用可能短的导线

● 数字量输入：最长为 500m 屏蔽线，或 300m 非屏蔽线；

图 2-40　直流电源端子处的 PE 做接地处理

- 数字量输出：最长为 500m 屏蔽线，或 150m 非屏蔽线。

b. 导线要尽量成对使用，用一根中性或公共导线与一根信号线或电源线相配对；

c. 数字量输出模块抑制保护。

2）感性负载的使用准则

- 数字量输出负载为感性负载时，为了防止输出断开时的高压瞬变干扰，须增加抑制回路，否则可能导致 PLC 运行中断或甚至设备损坏；

- S7-1200 PLC 的 DC 输出回路内部集成了抑制电路，该电路足以满足大多数应用对感性负载的要求；

- 由于 S7-1200 PLC 继电器输出触点可用于开关直流或交流负载，所以未提供内部保护；

- 对于交流负载，可将压敏电阻（MOV）或其他电压抑制设备与并联 RC 电路配合使用，但不如单独使用有效。压敏电阻（MOV）通常会导致出现高达钳位电压的显著高频噪声。

3）选择保护回路

可以采用下面的指导来设计合适的抑制电路。设计的有效性取决于实际的应用，所以必须调整其参数以适应实际应用。要保证所有的器件参数与实际应用相符合。

a. 用于直流输出和控制直流负载的继电器输出的保护电路

S7-1200 PLC 的 DC 输出包括内部抑制电路，该电路足以满足大多数应用对感性负载的要求。由于 S7-1200 PLC 继电器输出触点可用于开关直流或交流负载，所以未提供内部保护。

对于直流通道外加续流回路，其原理类似于继电器线圈外加浪涌抑制器，如图 2-42 所示。

在使用过程中，应将续流回路连接到模板上，并注意：

- 在大多数应用中，只需在直流感性负载两端增加一个二极管，图 2-41 中的 A；

- 应用大电感或频繁开关的感性负载，要求更快的关闭

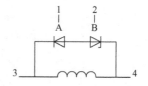

图 2-41　DC 线圈产生的
浪涌的抑制回路
1—1N4001 二极管或同等元件
2—8.2V 稳压二极管（直流输出），
36V 稳压二极管（继电器输出）
3—输出点
4—M、24V 参考

时间，建议可再增加一个稳压二极管，如图 2-41 中的 B。

● 请确保正确选择稳压二极管，以适合输出电路中的电流量。

b. 用于开关 AC 感性负载的继电器输出的保护电路

使用继电器输出控制 AC115V/AC230V 负载时，应当在继电器触点输出负载上跨接 RC 回路，如图 2-43 所示，或使用压敏电阻（MOV）来限制峰值电压，注意选择 MOV 的工作电压比正常的线电压至少高出 20%。

对于继电器输出通道外加续流回路，其原理类似于交流接触器线圈外加吸收回路，如图 2-44 所示。

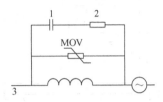

图 2-43　AC 线圈产生的浪涌的抑制
1—关于 C 值，请参见表格
2—关于 R 值，请参见表格
3—输出点

图 2-42　直流继电器的外加续流回路

图 2-44　继电器输出通道外加续流回路

（3）模拟量模板的接地要求

1）线缆的要求

● 尽量采用可能短的导线，模拟量输入/输出：100m 屏蔽双绞线；

● 使用屏蔽线以便最好地防止电噪声。

通常在 S7-1200 PLC 端将屏蔽层接地能获得最佳效果。连接方式参考 S7-300 PLC 的模拟量信号线的屏蔽层处理方式。

2）模拟量输入连接

a. 连接 4 线制传感器

连接 4 线制传感器，建议将传感器信号负端和电源的 M 做等电位处理，同时将模块的 PE 和 24V 的 M 做好接地，防止干扰，如图 2-45 所示。

b. 连接 3 线制传感器

3 线制传感器的电源负端和输出信号的负端是公共的，可以取模块的 24V 电源给传感器供电，传感器输出的正接模块通道正，通道负接电源 M，将模块的 PE 和 24V 的 M 做好接地，防止干扰，如图 2-46 所示。

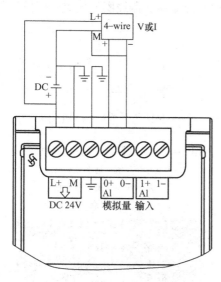

图 2-45  连接 4 线传感器示意图

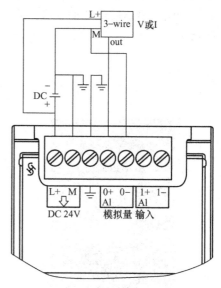

图 2-46  连接 3 线传感器示意图

c. 连接 2 线传感器

连接 2 线制传感器时，由于 S7-1200 PLC 通道无法向外供电，需要传感器外部串入 24V 电源。可以取模块的 24V 电源给传感器供电，24V 的正接传感器的正端，传感器的负端和模块通道正连接，通道负接电源 M，将模块的 PE 和 24V 的 M 做好接地，防止干扰，如图 2-47 所示。

**2. 接地电缆的要求**

1）使用正确的导线，确保线径适合承载所需电流：

S7-1200 CPU 和 SM 模块连接器接受 0.3 ~ 2mm²（14 ~ 22AWG）的线径；SB 信号板连接器接受 0.3 ~ 1.3mm²（16 ~ 22AWG）的线径。

2）交流线和高能量快速开关的直流线与低能量的信号线和通信电缆隔开并始终成对布线中性线或公共线与相线或信号线成对。

3）所有地线应尽可能地短且应使用大线径

例如：2mm²（14AWG）。

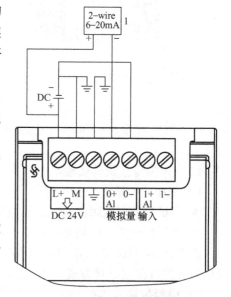

图 2-47  连接 2 线传感器示意图

### 2.1.4 S7-1500 PLC 系统的接地规范

**1. S7-1500 PLC 系统的接地总览**

（1）整体配置中的 S7-1500/ET 200MP

S7-1500 PLC（及 ET200MP）系统产品是西门子公司最新的控制器系列产品，供电部分依然取单相（L1、N 和 PE）给 AC/DC 电源转换模块输入供电，输出 24V 电源给 CPU 等供电，同时也给机架上的其他模板内部芯片提供电源。机架导轨、参考位 M 和机柜与机柜内的接地母线连接，最后与 TN-S 供电系统的 PE 连接。

图 2-48 显示了通过 TN-S 为 S7-1500/ET 200MP 系统供电及接地的基本原理。

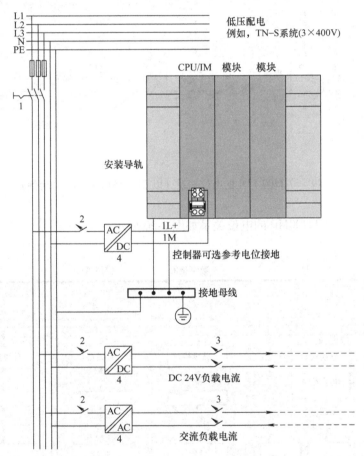

图 2-48　具有接地参考电位的 S7-1500/ET200MP 供电、接地原理图
1—主开关　2—初级侧短路和过载保护　3—次级侧短路和过载保护　4—负载电源模块（电气隔离）

（2）S7-1500 PLC 系统的电气隔离

在电气设计上，S7-1500 PLC 系统/ET 200MP 分布式 I/O 系统以及组件之间都是电气隔离的。

- 系统电源（PS）初级侧和所有其他电路组件之间；
- CPU/接口模块的（PROFIBUS/PROFINET）通信接口和所有其他电路组件之间；

● 负载电路/过程电子元件和 S7-1500/ET 200MP 的所有其他电路组件之间。

例如：S7-1500 PLC 系统的电位关系，如图 2-49 所示。

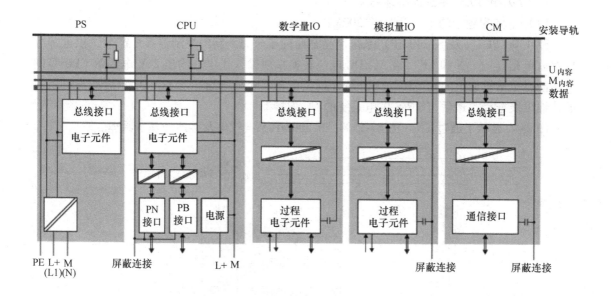

图 2-49 S7-1500 PLC 的电位关系（以 CPU 1516-3 PN/DP 为例）

PROFINET IO 上 ET 200MP 的电位关系如图 2-50 所示。

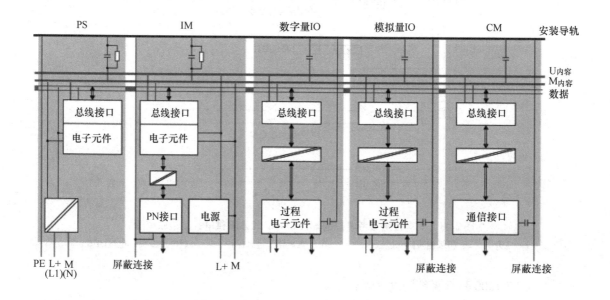

图 2-50 ET 200MP 的电位关系（以 IM 155-5 PN HF 接口模块为例）

与 PROFIBUS DP 上 ET 200MP 的电位关系，如图 2-51 所示。

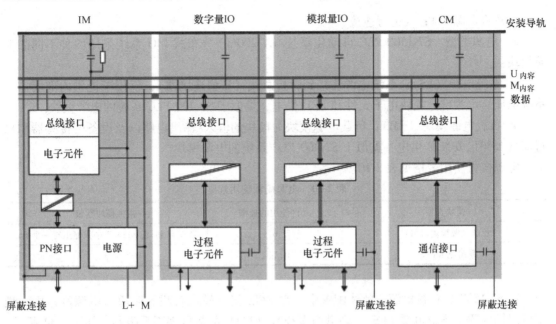

图 2-51　ET 200MP 的电位关系（以 IM 155-5 DP ST 接口模块为例）

图 2-49、图 2-50、图 2-51 中，背板总线连接在一起，PS 电源和 CPU/IM 的 M 参考位均通过 RC 和导轨隔离，IO 模块通过电容和安装导轨隔离，导轨与机柜内的接地母线连接，最后与 TN-S 供电系统的 PE 连接。

通过集成 RC 装置或集成电容来传导高频干扰电流，并且会消除静电荷。尽管使用接地安装导轨，但由于高阻型 RC 连接，必须将 S7-1500 PLC 自动化系统/ET 200MP 分布式 I/O 系统的参考电位视为未接地。

**2. S7-1500 PLC 系统的接地规范**

（1）电源的接地

1）CPU/接口模块的电源接线　CPU/接口模块的电源电压通过位于 CPU 前部的 4 孔连接插头提供，4 孔定义如图 2-52 所示，连接电缆的最大连接器横截面积为 1.5mm²。

2）电源模块的连接，如图 2-53 所示。

图 2-52　CPU/接口模块的电源连接

1—DC +24V 电源电压　2—电源电压（M）

3—回路电源电压（M）（电流限制为 10A）

4—回路 DC +24V 电源电压（电流限制为 10A）

5—开簧器（每个端子一个开簧器）

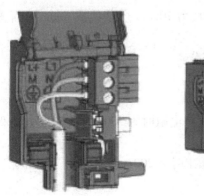
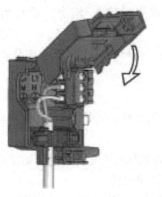

图 2-53　电源模块的连接

注意将电源的 PE 线进行连接。

3）电源类型　S7-1500 PLC 自动化系统/ET 200MP 分布式 I/O 系统采用两种不同的电源模块：

● 系统电源（PS）：系统电源连接到背板总线（U 型连接器），仅用于提供内部所需的系统电压，可为部分模块电子元件和 LED 供电，类似于 S7-400 PLC 系统的电源模块。

● 负载电源模块（PM）：负载电源模块为模块的输入/输出电路以及设备的传感器和执行器（如果已安装）供电，类似于 S7-300 PLC 系统的电源模块。

电源模板使用规格见表 2-10。

表 2-10　电源模板使用规则

| 模块类型 | 允许使用的插槽 | 最大模块数量 |
|---|---|---|
| 负载电源模块（PM）[1] | 0 | 不受限制/在 STEP 7 中只能组态一个 PM |
| 系统电源（PS） | 0;2-31 | 3 |

而 S7-1500 PLC 带电源的整体配置中，在 CPU/接口模块右侧的插槽（电源段）中，最多可以插入两个系统电源（PS），负载电源模块（PM）的数量则不受限制，如图 2-54 所示。

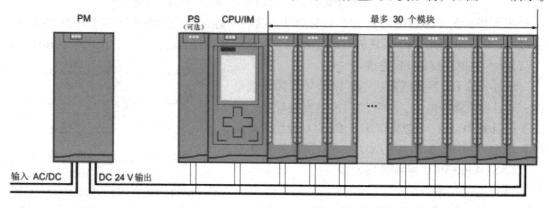

图 2-54　负载电源模块（PM）和系统电源（PS）的整体配置

但实际电源模块的数量取决于功耗。

（2）数字量模板的接地要求

● 尽量采用可能短的导线：数字量输入/输出：最长为 1000m 屏蔽线或 600m 非屏蔽线。

● 数字量输出模块抑制保护：请参考 S7-300 PLC 部分。

（3）模拟量模板的接地要求

1）尽量采用可能短的导线

● 模拟量输入：电流/电压时为 800m 屏蔽线，电阻/热电阻时为 200m 屏蔽线，热电偶时为 50m 屏蔽线；

● 模拟量输出：电流输出时为 800m 屏蔽线，电压输出时为 200m 屏蔽线。

2）模拟量信号线采用屏蔽双绞线电缆

为了取得最佳的屏蔽效果，要求在 S7-1500 PLC 端将屏蔽层接地。为了便于屏蔽层连接，可以考虑使用屏蔽支架，此屏蔽支架适用于使用 EMC 信号模块的插入式支架（例如，模拟量模块、工艺模块），而且与屏蔽线夹一起使用时，可确保在最短安装时间内实现低阻抗屏蔽应用，结构如图 2-55 所示。

3）模拟量模板的通用原则

a. 受限电位差 $U_{ISO}$（绝缘电压）

● 需始终确保未超出模拟地 $M_{ANA}$ 和中央地参考点之间所允许的电位差 $U_{ISO}$；

● 超出最大线路长度可能会导致电位差 $U_{ISO}$。

b. 受限电位差 $U_{CM}$（共模电压）

● 需始终确保未超测量输入和模拟地 $M_{ANA}$ 之间所允许的电位差 $U_{CM}$。

● 以下原因可能会导致电位差 $U_{CM}$：环境中存在 EMC 干扰，使用了接地的变送器，使用了长电缆。

● 如果超出所允许的电位差 $U_{CM}$，则可能会发生测量错误/故障。

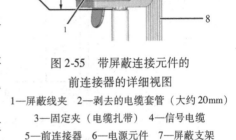

图 2-55　带屏蔽连接元件的
前连接器的详细视图

1—屏蔽线夹　2—剥去的电缆套管（大约 20mm）
3—固定夹（电缆扎带）　4—信号电缆
5—前连接器　6—电源元件　7—屏蔽支架
8—电源线　1＋7—屏蔽端子

c. 通过 $M_{ANA}$ 连接来连接模拟量输入

如果要确保不超过允许的值 $U_{ISO}$，需要将模块的 $M_{ANA}$ 和系统地（见图 2-56 中的 3）的参考电位之间使用等电位电缆连接。

如果要确保不超出最大值 $U_{CM}$，需要将测量输入与 $M_{ANA}$ 用等电位电缆连接。

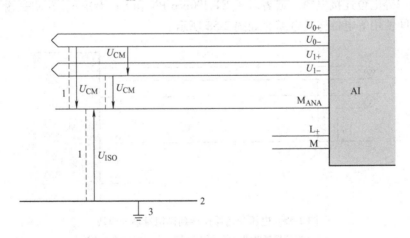

图 2-56　具有 $M_{ANA}$ 连接的模拟量输入模块的参考电位

1—等电位连接电缆　2—接地总线电缆　3—中央地

d. 不通过 $M_{ANA}$ 连接来连接模拟量输入

在没有 $M_{ANA}$ 连接的模拟输入模块中，测量输入和系统地（见图 2-57 中的 3）的参考电位相互之间是电气隔离的。

如果要确保不超过允许的值 $U_{ISO}$，请在测量输入的参考位和中央接地点之间使用等电位连接电缆。

如果要确保不超过允许的值 $U_{CM}$，请在测量输入的参考点之间使用等电位连接电缆，或者对于 ET 200eco PN 和 ET 200pro，在测量输入的参考点和接地点之间使用等电位连接电缆，如图 2-57 所示。

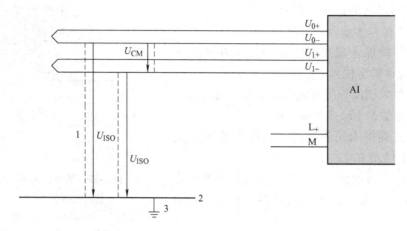

图 2-57　不具有 $M_{ANA}$ 连接的模拟量输入

1—等电位连接电缆（不适用于 2 线制变送器和电阻型变送器）

2—接地总线电缆　3—中央地

4）模拟量输入连接

a. 连接电压变送器　如果要确保不超过允许的值 $U_{CM}$，在测量输入的参考点和模拟地 $M_{ANA}$ 之间使用等电位连接电缆，或者对于 ET 200eco PN 和 ET 200pro，在测量输入的参考点和接地点之间使用等电位连接电缆，如图 2-58 所示。

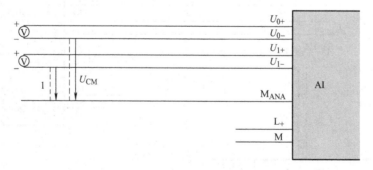

图 2-58　电压变送器连接到模拟量输入模块

1—等电位连接电缆（仅适用于具有 $M_{ANA}$ 连接的模块）

b. 连接电流变送器　电流变送器可分为 2 线制变送器和 4 线制变送器。

● 2 线制变送器

这里分为两种情况：

接法 I：2 线制变送器接 2 线制输入通道。2 线变送器可将过程变量转换为电流。若要采用这种连接方式，需要在 STEP 7 中设置测量类型"电流（2 线制变送器）"。

注意：必须对 2 线变送器进行电气隔离，如图 2-59 所示。

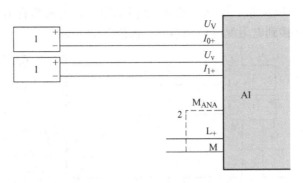

图 2-59　2 线制变送器接线到模拟量输入模块

1—2 线制变送器（2WT）

2—等电位连接电缆（仅适用于具有 $M_{ANA}$ 连接的模块）

接法 Ⅱ：2 线制变送器接线到 4 线制变送器的模拟量输入通道　如图 2-60 所示，使用模块的电源线 L＋为 2 线制变送器供电。如果要采用这种连接方式，则需要在 STEP 7 中设置测量类型"电流（4 线制变送器）"。在这种连接方式中，将移除电源电压 L＋和模拟电路之间的电气隔离，如图 2-60 所示。

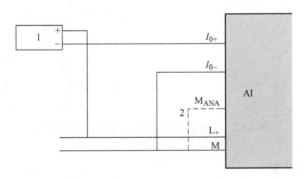

图 2-60　2 线制变送器接线到 4 线制变送器的模拟量输入

1—2 线制变送器（2WT）

2—等电位连接电缆（仅适用于具有 $M_{ANA}$ 连接的模块）

- 4 线变送器进行接线和连接

4 线制变送器提供了连接独立电源电压的端子。这些变送器均由外部电源进行供电。因此，通常称为"有源变送器"。若要采用这种连接方式，则需要在 STEP 7 中设置测量类型"电流（4 线制变送器）"，如图 2-61 所示。

c. 连接热敏电阻和电阻

模块在端子 $I_{C+}$ 和 $I_{C-}$ 处的电流恒定，可进行电阻测量。恒定电流流入待测电阻，在此作为压降进行测量。必须将恒定电流电缆直接与热电阻/电阻连接。

4 线制或 3 线制连接测量会补偿线路电阻，比 2 线制连接测量的准确性高。

- 热电阻的 4 线制连接

通过 $M_{0+}$ 和 $M_{0-}$ 端子进行热电阻测量时，可采集热电阻处的电压。确保接线时极性的正确性（将 $I_{C0+}$ 和 $M_{0+}$，以及 $I_{C0-}$ 和 $M_{0-}$ 连接到热电阻上）。还需要将 $I_{C0+}$ 和 $M_{0+}$ 线路，以及 $I_{C0-}$ 和 $M_{0-}$ 线路直接连接到电阻温度检测器上，如图 2-62 所示。

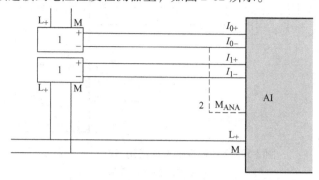

图 2-61　4 线制变送器接线到模拟量输入模块

1—4 线制变送器（4WT）

2—等电位连接电缆（仅适用于具有 $M_{ANA}$ 连接的模块）

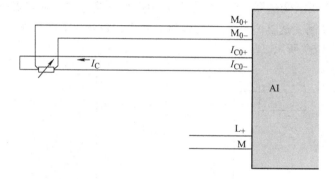

图 2-62　4 线制热电阻连接到模拟量输入模块

● 热电阻的 3 线制连接

由于模块不同（带有 4 端子的模块将采用 3 线制连接），需要在 $M_{0-}$ 和 $I_{C0-}$ 之间或 $M_{0+}$ 和 $I_{C0+}$ 之间短接。通常，还需要将 $I_{C0+}$ 和 $M_{0+}$ 线路直接连接到电阻温度检测器上。使用导线横截面积相同的电缆，如图 2-63 所示。

对于 ET 200eco PN 和 ET 200pro，无需短接，所有必需的连接都在内部实现。

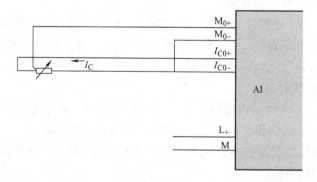

图 2-63　3 线制连接到模拟量输入模块

● 热电阻的 2 线制连接

2 线制设备连接时,需要在模块的 $M_{0+}$ 和 $I_{C0+}$ 以及 $M_{0-}$ 和 $I_{C0-}$ 之间插入一个电桥,如图 2-64 所示。此时,只进行线路电阻测量,但不会进行补偿。这种测量类型基于实际操作环境,准确性没有 3 线制或 4 线制测量的高。但这种测量类型的接线十分便捷,只需将电桥插入到插头中即可,节省大量时间。

对于 ET 200eco PN 和 ET 200pro,无需网桥,所有必需的连接都在内部实现。

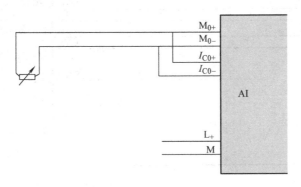

图 2-64 2 线制连接到模拟量输入模块

d. 连接热电偶

补偿导线只能使用由与热电偶匹配的材料组成的补偿线路。标准化的补偿线路根据 DIN EN 60584 标准指定。需遵守制造商规范中的最大温度要求。

热电偶连接方式可以采用多种方法将热电偶连接到模拟量输入模块,如图 2-65 所示。

● 直接连接①。

● 使用补偿线路②。

● 将补偿线路连接到基准结上,然后再将基准结连接电源线路(铜线)上③。

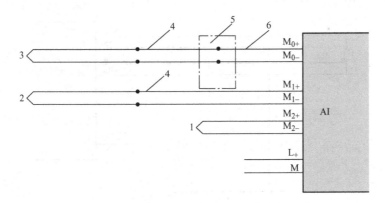

图 2-65 热电偶连接到模拟量输入模块

1—无补偿线路的热电偶 2—有补偿线路的热电偶 3—连接补偿线路和电源线的热电偶
4—补偿线路(材料与热电偶的相同) 5—外部基准结 6—例如,铜制电源电缆

5)模拟量输出连接

a. 具有 $M_{ANA}$ 连接的模拟量输出模块的参考电位

模拟量输出模块在模拟地 $M_{ANA}$ 和系统地（见图 2-66 中的 3）的参考电位之间是隔离的。需始终确保未超出模拟地 $M_{ANA}$ 和系统地参考点之间所允许的电位差 $U_{ISO}$。超出最大线路长度可能会导致电位差 $U_{ISO}$。

如果要确保不超过最大值 $U_{ISO}$，需要在端子 $M_{ANA}$ 和中央接地点之间使用等电位连接电缆，如图 2-66 所示。

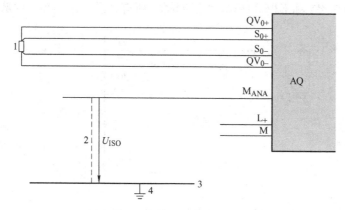

图 2-66　具有 $M_{ANA}$ 连接的模拟量输出模块连接

1—电压输出端的负载　2—等电位连接电缆　3—接地总线电缆　4—中央地

b. 不带 $M_{ANA}$ 连接的模拟量输出模块的参考电位

模拟量输出模块在模拟量输出电路和系统地（见图 2-67 中的 3）参考电位间是隔离的。需始终确保未超出模拟量输出电路和系统地的参考点之间的最大电位差 $U_{ISO}$。超出最大线路长度可能会导致电位差 $U_{ISO}$。

如果要确保未超出最大值 $U_{ISO}$，则需通过一个等电位连接电缆将各模拟量输出电路和中央地进行互连，如图 2-67 所示。

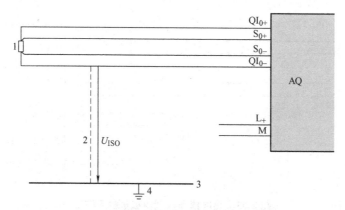

图 2-67　不具有 $M_{ANA}$ 连接的模拟量输出模块连接

1—电压输出端的负载　2—等电位连接电缆　3—接地总线电缆　4—中央地

**3. 接地电缆的要求**

1）用正确的导线，确保线径适合承载所需电流，具体要求见表 2-11、表 2-12：

表 2-11 CPU、接口模块、系统电源和负载电源模块的接线规则

| 适用的接线规则… | | CPU/接口模块 | 系统电源和负载电源模块 |
|---|---|---|---|
| 刚性电线的可连接导线横截面 | | — | — |
| | | — | — |
| 软绞线的可连接导线横截面积 | 不带导线端头 | $0.25 \sim 2.5\text{mm}^2$ | $1.5\text{mm}^2$ |
| | | AWG*;24~16 | AWG*;16 |
| | 带导线端头 | $0.25 \sim 1.5\text{mm}^2$ | $1.5\text{mm}^2$ |
| | | AWG*;24~16 | AWG*;16 |

表 2-12 前连接器的接线规则

| 适用的接线规则… | | 40 针前连接器（螺钉型端子，适用 35mm 模块） | 40 针前连接器（推入式端子，适用 35mm 模块） | 40 针前连接器（推入式端子，适用 25mm 模块） |
|---|---|---|---|---|
| 刚性电线的可连接导线横截面积 | | 最大为 $0.25\text{mm}^2$ | 最大为 $0.25\text{mm}^2$ | 最大为 $0.25\text{mm}^2$ |
| | | AWG* 最多 24 台 | AWG* 最多 24 台 | AWG* 最多 24 台 |
| 软绞线的可连接导线横截面积 | 不带导线端头 | $0.25 \sim 1.5\text{mm}^2$ | $0.25 \sim 1.5\text{mm}^2$ | $0.25 \sim 1.5\text{mm}^2$（最大值：$40 \times 0.75\text{mm}^2$） |
| | | AWG*;24~16 | AWG*;24~16 | AWG*;24~$16\text{mm}^2$（最大值:$40 \times 0.75\text{mm}^2$） |
| | 带导线端头 | $0.25 \sim 1.5\text{mm}^2$ | $0.25 \sim 1.5\text{mm}^2$ | $0.25 \sim 1.5\text{mm}^2$（最大值：$32 \times 0.75\text{mm}^2$;$8 \times 1.5\text{mm}^2$） |
| | | AWG*;24~16 | AWG*;24~16 | AWG*;24~16（最大值：$32 \times$ AWG 19;$8 \times$ AWG 16） |

2）将交流线、高能量快速开关的直流线与低能量的信号线和通信电缆隔开。

3）所有地线应尽可能地短且应使用大线径，例如：最小直径为 $10\text{mm}^2$。连接保护性导线如图 2-68 所示。

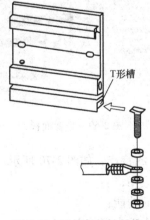

图 2-68 连接保护性导线

安装导轨的其他接地方法：

如果确保已经采用符合相关标准的类似装置，将安装导轨可靠地连接至保护性导线系统，例如，可靠地连接至已经接地的控制柜壁，则可以不采用接地螺栓进行接地。

## 2.2 HMI（人机界面）的接地规范

HMI（人机界面）系统主要包括触摸屏、上位机等设备。其中触摸屏大多安装在控制现场的电控柜的柜门上，便于在现场操作和监控；而上位机（例如：WinCC）则大多被放置在控制室，用于系统控制和数据收集。

### 2.2.1 SIMATIC 触摸屏

目前，在售的 SIMATIC 触摸屏系列产品主要有三种：Comfort panels（精智面板）、Basic panels（精简面板）以及 Smart panels（精彩面板）。其中 Comfort panels 属于高端屏，功能较为丰富，而 Smart panels 则适用于最简单的应用。

产品简介及特点：

1）Comfort panels（精智面板）的特点，如图 2-69 所示。

- 宽屏幕显示尺寸从 4in 到 22in（1in ＝ 0.0254m），可进行触摸操作或按键操作；
- 有效的节能管理；
- 万一发生电源故障，可确保 100% 的数据安全；
- 使用系统卡来简化项目传输；
- 可在危险区域中使用；
- 同时支持 PROFIBUS/MPI 接口和 PROFINET（LAN）接口；
- 支持多种通信协议，例如：PROFIBUS、PROFINET 以及第三方协议。

图 2-69 精智面板

2）Basic panels（精简面板）的特点，如图 2-70 所示。

- 适用于不太复杂的可视化应用；
- 所有显示屏尺寸具有统一的功能；
- 显示屏具有触摸功能，可实现直观的操作员控制；

- 按键可任意配置，并具有触觉反馈；
- 只有一种通信接口，PROFIBUS/MPI 接口或 PROFINET（LAN）接口；
- 支持多种通信协议，例如：PROFIBUS 或 PROFINET 以及第三方协议。

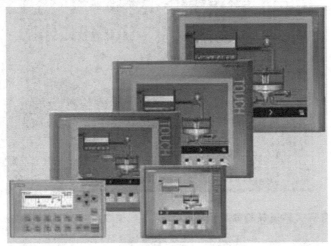

图 2-70　精简面板

3）Smart panels（精彩面板），如图 2-71 所示。

- 集成的工业以太网接口，可以和 S7-200 Smart 以及 LOGO! 0BA7 建立连接；
- 通过以太网可以同时连接 3 台控制器；
- 通过串口可以连接西门子 S7-200 以及 S7-200 SmartPLC。
- 集成的串口（支持 Modbus，RS422/485 自适应切换），可以和市场主流的小型 PLC 建立稳定可靠的通信连接（三菱 FX 系列、欧姆龙 CP1 系列、台达 DVP-SV/ES2 系列）。

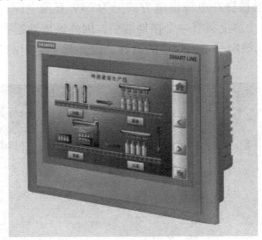

图 2-71　精彩面板

## 2.2.2　SIMATIC 触摸屏的接地

### 1. 触摸屏的接地设计

触摸屏一般都是塑料外壳，在整体设计上，在背面设计了一个接地端子，如图 2-72 所示。

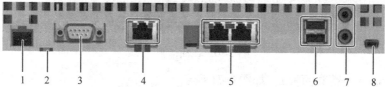

图 2-72　TP1900 Comfort 接地及接口图

1—X80 电源接口　2—电位均衡接口（接地）　3—X2 PROFIBUS（Sub-D RS422/485）

4—X3 PROFINET（LAN），10/100/1000MBit　5—X1 PROFINET（LAN），10/100 MBit

6—X61/X62 USB A 型　7—X90 音频输入/输出线　8—X60 USB 迷你 B 型

　　从整体设计上看，触摸屏在电源供电方式上为 24V 直流电源，在电源处没有类似 PLC 电源端子的 PE 端子，整个屏上只有一个接地端子，因此该接地端子必须接地。

　　另外，从设计上看，该端子是内六星的设计，因此需要专用的工具来进行地线的连接。接地端子如图 2-73 所示。

图 2-73　接地端子

　　但西门子公司的最新触摸屏从 7in（1in = 0.0254m）起的精智面板产品都具有金属压铸外壳，因此具有更好的结构特性以及 EMC 特性。并且经过了 ATEX 指令的防爆危险区 2 区和 22 区进行认证，可在相应的危险区域内使用。

而金属外壳的触摸屏安装在柜门上时，有可能与柜门的金属部分有接触。因此，一般在安装触摸屏时会使用钢制固定夹（15″以上）或铝质固定夹（7″～12″）把面板固定到电柜柜门上，如图 2-74 所示。

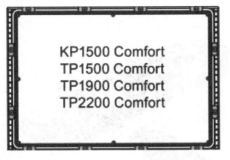

KP1500 Comfort
TP1500 Comfort
TP1900 Comfort
TP2200 Comfort

图 2-74　面板的安装夹子

实际的安装图及夹子如图 2-75 所示。

图 2-75　面板安装及夹子

尽管新的触摸屏采用金属外壳设计，安装在柜体上的也是采用金属夹子，但由于电柜表面通常都是喷漆的，因而面板的金属外壳与柜壳的金属部分接触面积仍然很小，因此新的面板也需将接地端子进行接地处理。

虽然，此时接地端子和柜体的金属框都是等电位的。但从安全的角度考虑，还是要求柜门单独与柜体的金属框架做良好的连接，如图 2-76 所示。

图 2-76　柜门与柜体的连接

**2. 电源连接**

目前西门子触摸屏系列产品均为直流 24V 供电。电源内部有隔离保护，且符合 IEC 60364-4-41 和 HD 384.04.41（VDE 0100，第 410 部分）规定，例如符合 PELV 标准，如图 2-77 所示。

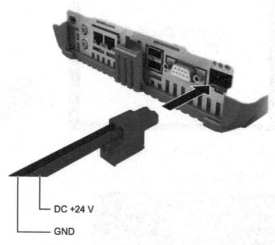

图 2-77　触摸屏的供电端子

供电电压仅允许处于规定的电压范围内（DC19.2V ~ DC28.8V）。否则，不排除有操作设备功能失灵甚至损坏的情况。

**3. 接地规范**

触摸屏的安装及接地，应满足下列规范：

● 触摸屏安装在柜门上，应采用固定夹正确的固定。

● 触摸屏所安装的柜体内部应具有接地（或等电势）铜排。

● 触摸屏的接地端子应连接至接地（或等电势）铜排上。

● 接地（或等电势）铜排应与柜体以及柜门相连接。

● 接地（或等电势）铜排应与系统地进行做良好的连接。

● 与触摸屏通信的电缆，应采用电缆夹在接地铜排处对屏蔽层进行大面积的环接接地处理。

● 触摸屏的电源线、通信电缆在柜内应避免与动力电缆距离过近或平行布线。

如图 2-78 显示了触摸屏的等电位连接，面板通过接地端子连接到控制柜的接地排。同时通信电缆通过电缆夹也连接到接地排，控制柜接地排接到工厂接地点。该连接方式也适用于其他的 SIMATIC 面板。

**4. 接地电缆的要求**

截面积：等电位连接导线的横截面积必须能够承受最大均衡电流。根据以往的经验，横截面积最小为 16mm$^2$ 的等电位连接导线效果最佳。

材料：使用铜或镀锌钢材质的等电位连接导线。在等电位连接导线与接地/保护导线之间保持大面积接触，并防止被腐蚀。

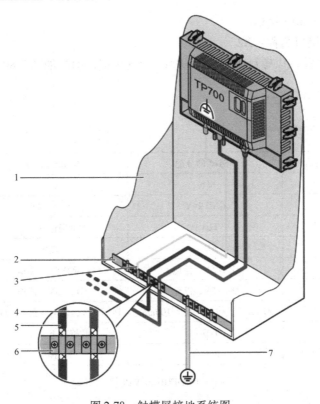

图 2-78 触摸屏接地系统图

1—控制机柜 2—等电位连接导轨 3—等电位连接电缆
4—PROFINET 数据线 5—PROFIBUS 数据线 6—电缆夹 7—接地连接

### 2.2.3 触摸屏的通信接地

#### 1. 通信口介绍

西门子公司不同面板所带的通信口可能不同，有的面板只带 PROFIBUS/MPI 接口（比如，KTP700 Basic DP）；有的只带 PROFINET（LAN）接口（比如，KTP700 Basic PN）；也有的面板两种接口都带，比如 Comfort panels 通信口包括一个 PROFIBUS/MPI 接口，一个或多个（最多三个）PROFINET（LAN），接口，如图 2-79 所示。

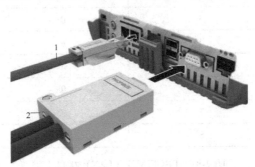

图 2-79 面板通信口

1—通过 PROFINET（LAN）与控制器连接
2—通过 PROFIBUS 与控制器连接

（1）PROFIBUS/MPI 接口

HMI 设备上的接口名称：X2

Sub-D 插座，9 针，以螺钉固定。PROFIBUS/MPI 接口引脚如图 2-80 所示。

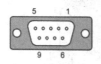

| 针脚 | RS422 的分配 | RS485 的分配 |
|---|---|---|
| 1 | n. c. | n. c. |
| 2 | GND 24V | GND 24V |
| 3 | TxD + | 数据通道 B（+） |
| 4 | RD + | RTS |
| 5 | GND 5V，浮地 | GND 5V，浮地 |
| 6 | DC +5V，浮地 | DC +5V，浮地 |
| 7 | DC +24V，输出（最大 100mA） | DC +24V，输出（最大 100mA） |
| 8 | TxD – | 数据通道 A（–） |
| 9 | RxD – | NC |

图 2-80　PROFIBUS/MPI 接口引脚

（2）PROFINET（LAN）接口

HMI 设备上的接口名称：X1。PROFINET（LAN）接口引脚如图 2-81 所示。

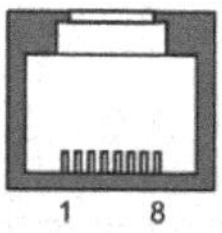

| 针脚 | 分配 |
|---|---|
| 1 | Tx + |
| 2 | Tx – |
| 3 | Rx + |
| 4 | n. c. |
| 5 | n. c. |
| 6 | Rx – |
| 7 | n. c. |
| 8 | n. c. |

图 2-81　PROFINET（LAN）接口引脚

## 2. 通信电缆的接地处理

使用合适的电缆夹夹紧进入等电位连接导轨上的数据线屏蔽层，如下图 2-82 所示。

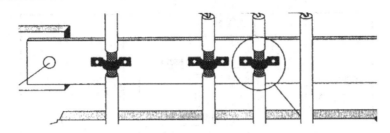

图 2-82　通信电缆的接地处理

实际应用中的屏蔽层的处理可参考图 2-83 所示。

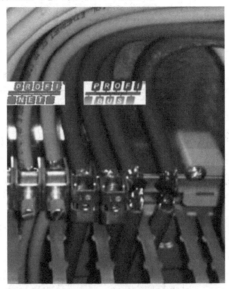

图 2-83　屏蔽层的连接

另外：
- 尽可能缩短 HMI 设备和等电位连接导轨间的电缆长度。
- 平行敷设等电位连接导线和数据缆，使其相互间隙距离最小。

## 2.2.4　工控机的接地

### 1. 控制室接地及防雷

控制室接地系统包括：接地体、接地总汇集线、接地引入线和接地排等。
- 接地体——埋入地中并直接与大地接触的金属导体，也就是通常所称的地网；
- 接地总汇集线——建筑物内各种接地线汇接的地方，可以理解为建筑物内的总接地排；
- 接地引入线——建筑物内接地总汇集线与接地体之间的连接线。有了接地引入线连接到地网，接地总汇集线才算是连接到了地网；
- 接地排——就是从接地总汇集线上接出到建筑物各层或各房间中的接地装置，各机房内通信设备的接地，都接到机房的接地排上，如图 2-84 所示：

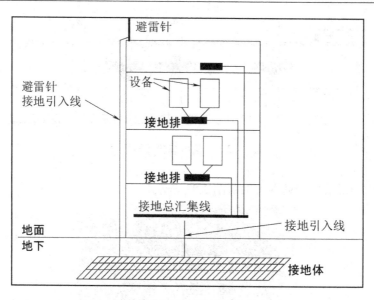

图 2-84　控制室接地及防雷

设备接地的路径为设备的接地线→接地排→接地总汇集线→接地引入线→接地体，从而实现了设备与大地的接地连接。

例如电气柜内接地系统可参见图 2-85。

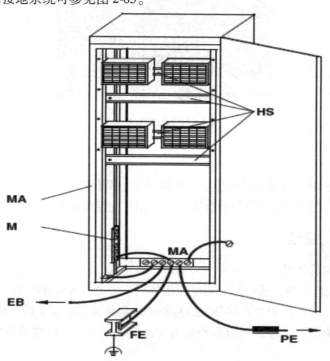

图 2-85　电气柜内接地系统
EB—相邻的电柜或夹具　FE—功能地，比如供水管道、房间的中性地
HS—用来安装模块的底板或者安装附件的导轨　M—参考导体系统
或者参考导体导轨（铜母线或端子排）　MA—用作功能接地
的接地（大地参考面板或者导轨）　PE—保护地

而在安装等电位连接电路时必须遵守以下规定：

● 当等电位连接导线的阻抗减小时，或者等电位连接导线的横截面积增加时，等电位连接的有效性将增加。

● 如果两个设备部件通过屏蔽数据电缆互连，并且其屏蔽层在两端都连接到接地/保护导体上，则额外敷设的等电位连接电缆的阻抗不得超过屏蔽阻抗的 10%。

● 使用合适的电缆夹夹紧进入等电位连接导轨上的数据线屏蔽层。尽可能地缩短 HMI 设备和等电位连接导轨间的电缆长度。

● 平行敷设等电位连接导线和数据缆，使其相互间隙距离最小。

一般建筑物的直击雷保护包括外部防雷系统和内部防雷系统两个部分，它们是一个有机的整体。外部防雷主要是指防直击雷，由安装在楼顶的避雷针（或避雷带、避雷网）以及雷电流的引下线组成，雷电流引下线可以是多根的。对于一些高大的现代建筑，往往有必要将外墙体的建筑钢筋（或金属结构）与直击雷避雷装置良好的连接在一起。

而内部防雷则包括防雷电感应、防反击、防雷电波侵入以及提供人身安全，它是指除了外部防雷系统外的所有附加措施。这些措施可能会减少雷电流在需要防雷的空间内所产生的电磁效应，防止雷电损坏机房内的电气设备或电子设备。

很重要的一点是建筑物的防雷接地和建筑物内通信设备的接地应共用一组接地体。

**2. SIMATIC 工控机的接地处理**

SIMATIC IPC 能够适应多种要求（抗振动、防冻、防尘、抗热、防水蒸气），能够提供较高的系统可用性、高投资保护和最好的工业功能。

（1）SIMATIC IPC 的种类

SIMATIC Rack PC（机架式 PC）：灵活、高性能的工业 PC，用于安装在 19″机架上，如图 2-86 所示。

图 2-86　SIMATIC IPC

SIMATIC Box PC（箱式 PC）：小型紧凑而强固的工业 PC，用于标准安装，如图 2-87 所示。

图 2-87　SIMATIC Box PC

SIMATIC Panel PC（平板式 PC）：强固、高性能的工业 PC，具有绚丽的显示器，如图 2-88 所示。

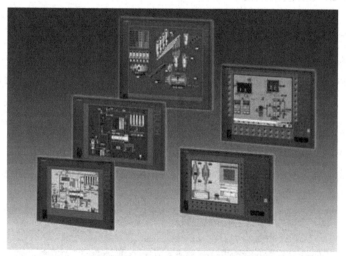

图 2-88　SIMATIC Panel PC

（2）连接电源

设备配备有经安全测试的电源线，只能将它连接到接地的防电击电源出口插座。

如果不使用电源电缆，则请使用具有下列特性的软电缆：最小 18AWG 导线横截面积和 15-A/250-V 防电击连接器。电缆装置必须符合要安装该系统的国家或地区的安全规章和规定的 ID。

（3）接地规范

1）设备的等电位连接连接位于设备下并使用下面的符号标识：

SIMATIC Rack PC 接地端子位置，如图 2-89 所示。

图 2-89　Rack PC 接地端子

SIMATIC Box PC 的接地端子位置，如图 2-90 所示。

图 2-90　Box PC 接地端子

SIMATIC Panel PC 接地端子位置，如图 2-91 所示。

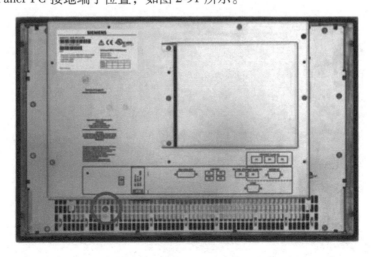

图 2-91　Panel PC 接地端子

2）接地原则

a. 将设备上印有标记的等电位连接接头（M4 螺纹）与等电位连接电缆相连。确保等电位连接电缆与外壳的大部分区域接触。

b. 将等电位连接电缆与控制柜的中心接地点连接。确保等电位连接电缆与中心接地点的大部分区域接触。

c. 务必保证电源接线板第三插孔接地良好。

3）接地电缆的要求

等电位连接线的横截面积至少为 $5mm^2$。

# 第3章　西门子现场总线系统的接地

## 3.1　现场总线的介绍

现场总线是指安装在现场设备与控制室内的控制设备之间的数字式、串行、多点通信的数据总线。它是一种工业数据总线，是自动化领域中底层数据通信网络。

现场总线的出现使自动化控制系统步入信息化、网络化的时代，为自动化应用开拓了更为广阔的领域。一对双绞线上可挂接多个控制设备，不仅节省了安装费用、节省维护开销，同时还提高了系统的可靠性。但同时网络通信中数据包的传输延迟、通信系统的瞬时错误和数据包丢失、发送与到达次序的不一致等故障则会破坏传统控制系统原本具有的确定性，使得控制系统的分析与综合变得更为复杂，从而影响到控制系统的性能。因此，现场总线应用的基础是通信稳定。

### 3.1.1　现场总线的概念

#### 1. PROFIBUS 现场总线

PROFIBUS 是符合德国标准（DIN19245）和欧洲标准（EN50170）的现场总线标准。分为 PROFIBUS-DP、PROFIBUS-FMS（现已经不再应用）、PROFIBUS-PA 三种行规。其中 DP 为分布式外设间高速数据传输，主要应用于制造业自动化领域，PA 应用于过程自动化行业，符合 IEC1158-2 标准。

PROFIBUS 本质为 RS485 通信，支持多个设备间的数据交换，例如典型的主-从系统以及多主多从混合系统等数据交换。PROFIBUS 总线的传输速率为 9.6Kbit/s 至 12Mbit/s，最大传输距离在 9.6Kbit/s 时为 1200m，在 1.5Mbit/s 时为 200m，在 12Mbit/s 时为 100m，可采用中继器延长至 10km，传输介质为双绞线或者光缆，最多可挂接 127 个站点。

#### 2. PROFINET 现场总线

PROFINET 是由 PROFIBUS 国际组织（PROFIBUS International，PI）推出的新一代基于工业以太网技术的自动化总线标准。作为一项战略性的技术创新，PROFINET 为自动化通信领域提供了一个完整的网络解决方案，覆盖了实时以太网、运动控制、分布式自动化、故障安全以及网络安全等自动化领域的新兴领域。并且作为开放的标准，可以完全兼容工业以太网和现有的现场总线（如 PROFIBUS）技术，即利用了现有的以太网最新的 IT 技术，又最大限度地兼容了现有的系统和设备。

### 3.1.2　现场总线的接地规范

#### 1. 接地和等电位连接

有效地接地和等电位连接对于提高 PROFIBUS/PROFINET 网络的抗干扰性是非常重要的。接地及等电位连接是 PROFIBUS/PROFINET 正确完成功能的基础。通信电缆屏蔽层的正确接地将有效地降低静电的干扰。等电位连接则保证了整个网络都处在一个"地"电位上，从而防止整个网络中的地电流流过 PROFIBUS 电缆的屏蔽层。

**2. 保护地**

保护地是保护人员不受电击伤害的基础。同时，也保护了设备或机器不受漏电的损害。保护接地为故障电流提供了一个回路，将故障电流导向大地，并引起熔断器熔断或断路器跳闸，从而实现设备断电。保护接地的图标如图 3-1 所示。

图 3-1　保护地

**3. 功能地**

功能地为设备的屏蔽层提供了一个稳定的零电势参考点。设备的外壳以及外部的屏蔽应该被连接到功能地，从而将屏蔽层上的干扰信号导入地，避免了干扰进入设备。

1）有些 PROFIBUS/PROFINET 设备专门有一个功能地的端子，须将该端子连接到系统的地。该端子标识如图 3-2 所示。

图 3-2　功能地

注意，保护地的端子与该功能地的端子是相互独立的。保护地须连接至系统的保护地。

2）有些设备的接地是通过 DIN-导轨实现的，此时应将 DIN-导轨接地。

3）应使用具有横截面积（>2.5mm²）的铜线将 PROFIBUS/PROFINET 站点接地。最好采用带有黄绿标识的接地电缆。

**4. 等电位连接**

● 等电位连接系统用于将工厂中不同地点的不同的地电势进行等电位处理，从而避免由于地电位的不同产生的电流通过 PROFIBUS/PROFINET 的屏蔽层，如图 3-3 所示。

● 可使用铜线或镀锌的接地条做等电位体。

● 等电位连接应保证与接地端子大面积的接触。

● 将所有的 PROFIBUS/PROFINET 设备的屏蔽层以及地（如果可能的话）都连接到该等电位系统上，如图 3-4 所示。

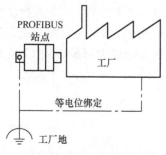

图 3-3　系统的等电位连接

图 3-4　屏蔽层的连接方式

● 将设备安装的表面（例如柜内的安装面板或者安装导轨）与等电位连接系统相连接。

● 将 PROFIBUS/PROFINET 的等电位连接于工厂建筑的等电位连接系统尽量多的进行连接，如图 3-5 所示。

● 如果遇到喷漆的地方，须将去除漆面再进行导体的连接。

● 对于连接点以及等电位系统，应进行防腐处理：例如镀锌或涂漆。

● 使用安全螺钉或端子对接地和等电位系统进行连接。使用可锁定的垫圈，避免由于移动或振动导致的连接松动。

● 等电位线的终端应用套管或线耳进行连接，不得锡焊。

● 尽可能地将等电位线与 PROFIBUS/PROFINET 电缆靠近。

● 将电缆槽进行连接，并将电缆槽与等电位系统尽可能多的进行连接，如图 3-6 所示。

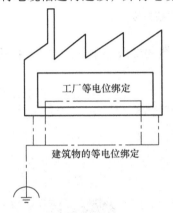

图 3-5　系统与建筑的等电位连接

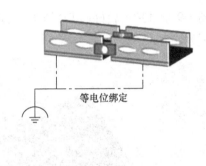

图 3-6　电缆槽连接至等电位系统

● 如果两个厂房之间或距离较远的地点之间连接的 PROFIBUS/PROFINET 电缆，须同 PROFIBUS/PROFINET 电缆一起放置一根等电位线。等电位线的最小截面积须符合 IEC60364-5-54 标准：

● 铜（Copper）为 $6mm^2$；

● 铝（Aluminum）为 $16mm^2$；

● 钢（Steel）为 $50mm^2$。

如图 3-7 所示。

**5. 屏蔽层与等电位系统的连接**

（1）电缆的屏蔽

在 PROFIBUS/PROFINET 总线的电缆使用环境较为恶劣时，常常看到 PROFIBUS 电缆有两层屏蔽层：外面一层为编织网状的屏蔽层，里面一层为铝箔屏蔽层。对于这两层屏蔽层，其作用不相同。其中，编织网状的屏蔽层临近电阻较低，对于低频电磁干扰的屏蔽效果较好，而铝箔屏蔽层对于高频干扰信号的屏蔽效果更佳。对于编织网屏蔽层需要进行接地处理，而对于铝箔层，此时不要求必须做接地处理。

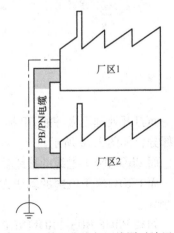

图 3-7　等电位线与网线同时放置

（2）屏蔽层的连接

1）PROFIBUS/PROFINET 站点　所有 PROFIBUS/PROFINET 站点的电缆屏蔽层都需要连接到等电位系统中。

PROFIBUS/PROFINET 电缆的屏蔽层须在 PROFIBUS/PROFINET 插头内连接，如图 3-8 所示。

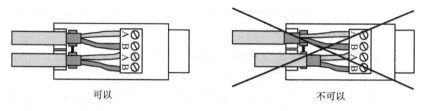

可以　　　　　　　　　　　不可以

图 3-8　PROFIBUS 插头内的屏蔽连接

图 3-9 是处理比较好的 DP 插头内部的接线，DP 电缆的屏蔽层刚好压在 DP 插头内部的金属部分。

图 3-9　连接规范的 DP 插头

而打开处理不太好的 DP 插头，可以看到 DP 电缆的屏蔽层并没有压在 DP 插头内部的金属部分，如图 3-10 所示。

而 PROFINET 电缆的接线处理与 PROFIBUS 类似，如图 3-11 所示。

而 PROFINET 电缆的剥线方式也与 PROFIBUS 一样，可以通过剥线工具来剥线，如图 3-12 所示。

如果 PROFIBUS/PROFINET 站点上面有接地端子，则需要将该端子连接至等电位系统，如图 3-13 所示。

图 3-10　处理不好的 DP 插头内部

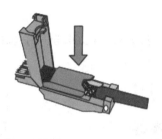

图 3-11　PROFINET 插头内的屏蔽连接

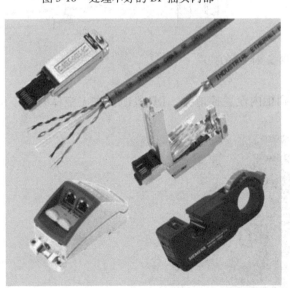

图 3-12　PROFINET 电缆的处理工具

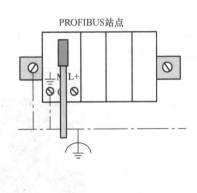

图 3-13　接地端子连接至等电位系统

　　将安装支架（例如：安装导轨）连接至等电位系统。有些 PROFIBUS/PROFINET 站点是通过这些安装螺钉与等电位系统连接的。

　　2）在建筑物或柜体处　在建筑或柜体的入口处，将 PROFIBUS/PROFINET 电缆的屏蔽层与等电位系统进行大面积的连接，如图 3-14 所示。

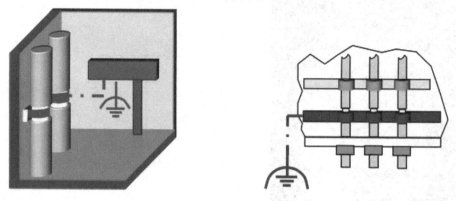

图 3-14    等电位系统的连接

3）连接方式    PROFIBUS/PROFINET 电缆的屏蔽层应与等电位系统进行大面积的连接，如图 3-15 所示。

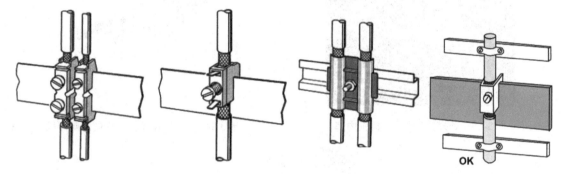

图 3-15    网线屏蔽层的处理

在实际的应用中，从图 3-16 中可以看到柜内设置接地排，DP 电缆在进出柜体时做了屏蔽层的接地处理。

图 3-16    DP 电缆的屏蔽层在进出柜体时做屏蔽层的接地处理

特别提示：对于 PROFIBUS／PROFINET 电缆，不能将屏蔽层拧成一根通过端子进行连接，这在 EMC 上称为"猪尾巴"效应，如图 3-17 所示。

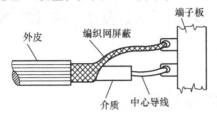

图 3-17　"猪尾巴"效应

图 3-18 是典型的通信电缆屏蔽层的"猪尾巴"接法，屏蔽层上套了保护套管，但其实是不起作用的。

图 3-18　"猪尾巴"效应连接图

"猪尾巴效应"通常是指电缆屏蔽层与设备金属外壳之间没有 360°搭接，而是拧成一根接到端子上的现象。这种屏蔽层的连接方式将导致高频搭接阻抗增大，对外 EMI 增强，同时也会导致静电等高频干扰不易泄放。

# 第 4 章　PA（仪表）及 DCS 的接地

## 4.1　仪表及 DCS 接地设计介绍

仪表及控制系统接地的目的主要有两个：一是为人身安全和电气设备的运行，包括保护接地、本安接地、防静电接地和防雷接地等；二是为信号传输和抗干扰的工作接地。

另外，接地系统能够为集散控制系统（Distributed Control System，DCS）提供屏蔽接地，消除电子噪声干扰，并为整个控制系统提供公共信号参考点（即参考零电位）。而完善、可靠、正确的接地，是 DCS 能够安全、可靠和良好运行的关键。

根据中华人民共和国石油化工行业标准《石油化工仪表接地设计规范》和《化工自控设计规定》，DCS 和仪表系统的接地主要分为：

（1）保护接地

保护接地（也称为安全接地）是为人身安全和电气设备安全而设置的接地。

仪表及控制系统的外露导电部分，正常时不带电，在故障、损坏或非正常情况时可能带危险电压。对这样的设备均应实施保护接地。

（2）工作接地

仪表及控制系统的工作接地包括：仪表屏蔽接地、仪表信号回路接地。

- 隔离信号可以不接地。
- 非隔离信号通常以直流电源负极为参考点并接地。信号分配均以此为参考点。
- 工作接地的原则为单点接地，信号回路中应避免产生接地回路。

（3）本安系统接地

- 采用隔离式安全栅的本质安全系统，不需要专门接地。
- 采用齐纳式安全栅的本质安全系统则应设置接地连接系统。
- 齐纳式安全栅的本质安全系统接地与仪表信号回路接地不应分开。

### 4.1.1　仪表及 DCS 的接地设计要求

**1. 接地系统组成**

西门子 DCS 接地系统由接地连接和接地装置两部分组成。其中：

- 接地连接包括：接地连线、接地汇流排、接地分干线、接地汇总板、接地干线。
- 接地装置包括：总接地板、接地总干线、接地极。

**2. 接地系统要求**

仪表及控制系统的接地连接采用分类汇总、最终与总接地板连接的方式。

- 交流电源中线在起始端应与接地极连接。
- 当电气专业已经把建筑物（或装置）的金属结构、基础钢筋、金属设备、管道、进线配电箱 PE 母排、接闪器引下线形成等电位连接时，仪表系统各类接地也应汇接到该总接地板，实现等电位连接，与电气装置合用接地装置与大地连接。

● 在各类接地连接中严禁接入开关或熔断器。

## 4.2　仪表系统接地原则

### 4.2.1　接地原则

对于 DCS 及仪表系统接地系统的具体连接方式，可参考图 4-1。

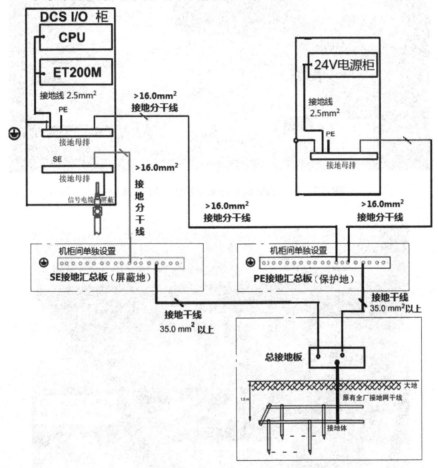

图 4-1　DCS 及仪表系统接地示意图

1）在控制室内应分别安装工作接地汇总排和保护接地汇总排，并采用绝缘支架安装。

2）控制室内的汇流总排应直接引到总接地排，而不应由各 MCC（电机控制中心）室串接后引到总接地排。

3）在每个控制柜内单独设置保护接地和屏蔽接地汇流条，截面积在 25mm×4mm 以上。仪表的信号回路接地（工作地）可以借用保护接地的汇流条。

4）在仪表的回路接地（工作地）和保护地共用的情况下，PLC 系统柜的保护接地要单独引至总接地排。

　　以上几条都是基本原则，在现场实际应用中，应根据实际情况来选择接地线以及接地排的规格和尺寸。如图 4-2 所示是某工厂的柜内的屏蔽母排和保护接地（PE）母排，图 4-3 是 PE 接地汇总板（保护地），铜排截面积为 $50 \times 5mm^2$，接地干线采用 $95mm^2$ 电缆，接地干线采用 $50mm^2$ 电缆，铜排和支架绝缘，这些都符合要求，唯一不足的是铜排没有镀锡，时间长后铜排表面已经被腐蚀，接触电阻会变大。

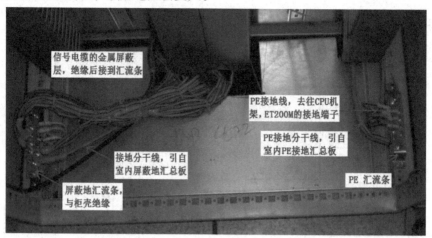

图 4-2　柜内的屏蔽地排和保护地（PE）排分开

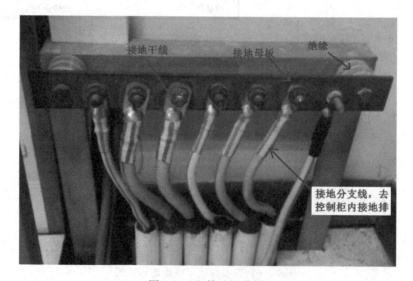

图 4-3　PE 接地汇总板

## 4.2.2　接地连接线规格

　　接地系统的导线应采用多股绞合铜芯绝缘电线或电缆。

　　接地系统的导线应根据连接仪表的数量和长度按以下数值选用。

- 接地连线 $>2.5 \sim 4.0mm^2$；
- 接地分干线 $>16 \sim 35mm^2$；
- 接地干线 $>35 \sim 75mm^2$；

- 接地总干线 $> 75 \sim 180 \text{mm}^2$。

## 4.3　DCS 的接地

大量的现场实践证明，采用"浮地"方式的 DCS 的故障率反而高于"接地"系统，因此本规范推荐除了特殊的工况外，均采用"接地方式"。

### 4.3.1　S7-400H 的接地要求

S7-400H 的接地要求，与前面章节 PLC 部分中关于 S7-400 部分要求相同，如图 4-4 所示。

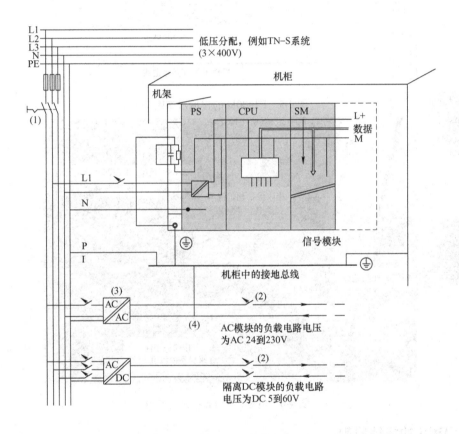

图 4-4　S7-400H 的接地原则

另外，ET200M 机架和 IM153-2 的接地要求与 S7-300PLC 相同，如图 4-5 所示。

从图 4-5 看出，西门子系统的 PE 既做保护地，同时由于 ET200M 系列模板的特点，PE 也作为系统工作的基准电位，因此 PE 同时承担了系统基准点的功能，PE 接地的好坏直接影响系统的稳定性。系统柜内的接地汇流条宜选用镀锡铜排，接地线也压好电缆接头，如图 4-6 所示。

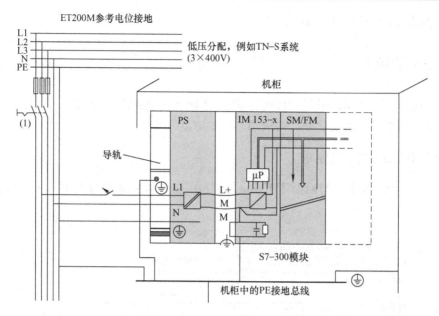

图 4-5　ET200M 的接地示意图

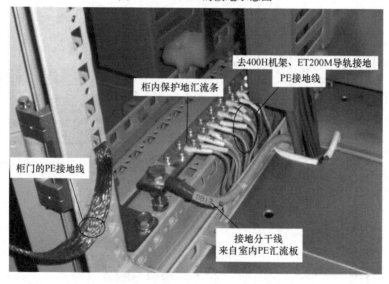

图 4-6　电柜内的 PE 接地总线

## 4.3.2　DCS 的接地原则

DCS 的接地方式，请参看图 4-7。

（1）接地电阻要求

● 从仪表设备的接地端子到总接地板之间的导体及连接点电阻的总和称为连接电阻。仪表系统的接地连接电阻不应大于 1Ω。

● 接地极的电位与通过接地极流入大地的电流之比称为接地极对地电阻。接地极对地电阻和总接地板、接地总干线及接地总干线两端的连接点电阻之和称为接地电阻。仪表系统的接地电阻不应大于 4Ω。

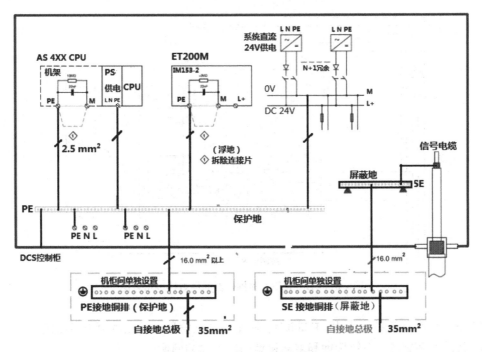

图 4-7　DCS 控制系统的接地示意图

（2）推荐接地线的颜色

见表 4-1。

表 4-1　接地线的颜色

| 用　　途 | 颜色 |
|---|---|
| 保护接地的接地连线、汇流排、分干线、汇总板、干线 | 绿色 |
| 信号回路和屏蔽接地的接地连线、汇流排、分干线、工作接地汇总板、干线 | 绿色 + 黄色 |
| 本安接地分干线、汇流条 | 绿色 + 黄色 |
| 总接地板、接地总干线、接地极 | 绿色 |

（3）接地连接线规格

同 4.2.2

## 4.4　PA 现场总线的接地原则

### 4.4.1　PA 总线接地

PA 总线是 PROFIBUS 总线的一种，因此 PA 总线的使用方法与 PROFIBUS 基本一致，因而在使用及接地方面，基本信息均可参考 PROFIBUS 一章。

**1. DP/PALINK 和 DP/PA 耦合器的供电和接地**

参考图 4-8。

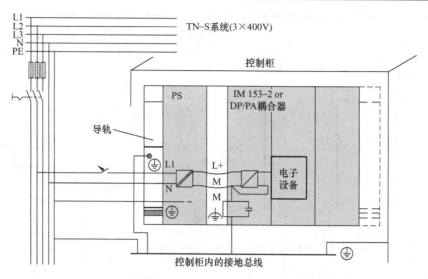

图 4-8　DP/PALINK 和耦合器的供电接地示意图

PA 总线信号的波特率为 45.45kbit/s，属于中高频信号，因此适用于多点接地。

**2. 在设计现场总线系统接地和屏蔽接地时应考虑的问题**

两个方面：

● 电磁兼容性；

● 防爆。

为实现良好的电磁兼容性，对系统部件特别是连接部件的线路进行屏蔽是非常重要的。对 PA 总线来说，理想的情况是将电缆屏蔽层与由金属制成的现场总线仪表的外壳连接起来。由于这些外壳通常是与地或者保护导线相连接，所以总线电缆相当于实现了多次多点接地，这种方法提供了最佳的电磁兼容性，同时可以保证人身安全，该方法可用于实现最佳等电势接地的系统，如图 4-9 所示。

当系统不能等电势接地时，如果不利条件导致屏蔽层电流产生，会造成不利的影响，为了避免不具备等电势屏蔽接地的系统产生低频补偿电流，建议将连接电缆一端接地，其他接地点通过电容接地（C 小于等于 10nF），如图 4-10 所示。

**3. 现场仪表的接地规范**

现场仪表接地分为三类，分别是保护接地、工作接地和屏蔽接地。

（1）保护接地

1）用电仪表的金属外壳及自控设备正

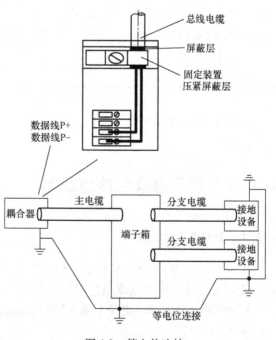

图 4-9　等电势连接

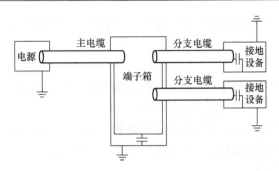

图 4-10　混合接地的方式

常不带电的金属部分，由于各种原因（如绝缘破坏等）而有可能带危险电压者，均应作保护接地。通常所指的自控设备如下：

- 仪表盘、仪表操作台、仪表柜、仪表架和仪表箱；
- DCS/PLC/ESD 机柜和操作站；
- 计算机系统机柜和操作站；
- 供电盘、供电箱、用电仪表外壳、电缆桥架（托盘）、穿线管、接线盒和铠装电缆铠装护层；
- 其他各种辅助设备，图 4-11 是现场仪表的保护接地示意图。

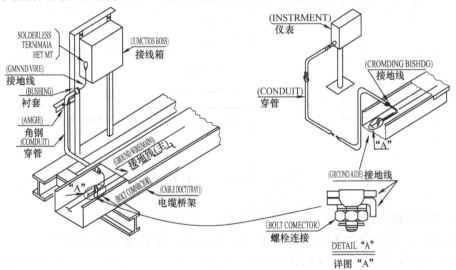

图 4-11　现场仪表保护接地示意图

2）安装在非爆炸危险场所的金属表盘上的按钮、信号灯、继电器等小型低压电器的金属外壳，当与已作保护接地的金属表盘框架电气接触良好时，可不做保护接地。

3）低于 36V 供电的现场仪表、变送器、就地开关等，若无特殊需要时可不做保护接地。

4）凡已作了保护接地的地方即可认为已做了静电接地。

（2）工作接地

为保证自动化系统正常可靠地工作，应予工作接地。工作接地的内容为信号回路接地、本质安全仪表接地。

1）信号回路接地

在自动化系统和计算机等电子设备中，非隔离的信号需要建立一个统一的信号参考点，并应进行信号回路接地（通常为直流电源负极）。

隔离信号可以不接地。这里指的隔离应当是每一输入（出）信号和其他输入（出）信号的电路是绝缘的，对地是绝缘的，电源是独立的，相互隔离的。

2）本质安全仪表接地

本质安全仪表系统在安全功能上必须接地的部件，应根据仪表制造厂的要求作本安接地。

齐纳安全栅的汇流条必须与供电的直流电源公共端相连，齐纳安全栅的汇流条（或导轨）应作本安接地。接地方法可参考图4-12的原理图。

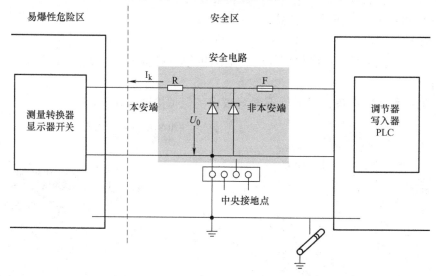

图4-12　齐纳安全栅的接地原理

隔离型安全栅不需要接地。具体的要求请参考安全栅厂家的手册。

如果使用西门子公司的设备，则本安表是可以直接接在 ET200iSP 上的。但普通的 ET200S 需要加安全栅。因为 ET200S 不能放在危险区，而 ET200iSP 是可以放在危险 1 区的。

图4-13 显示了由 TN-S 系统供电时，1 区危险区域（电源和接地概念）中的整体组态内的 ET200iSP 分布式 I/O 站的供电及接地示意图。

而此时必须将总线电缆的屏蔽连接到以下能够提供可靠接地连接 PA 上，如图4-14 所示。

接地要求采用 $4 \sim 16mm^2$ 的接地电缆。

3）屏蔽接地

仪表系统中用以降低电磁干扰的部件如电缆的屏蔽层、排扰线、仪表上的屏蔽接地端子，均应屏蔽接地。

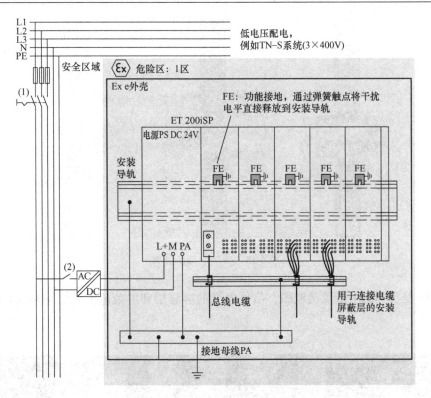

图 4-13　ET200iSP 的供电及接地示意图

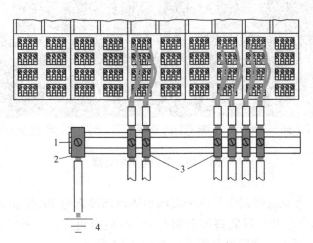

图 4-14　可靠接地连接示意图

1—屏蔽支持的标准安装导轨　2—Exe 端子　3—屏蔽端子　4—接地母线 PA

　　在强雷击区，室外架空敷设的不带屏蔽层的普通多芯电缆，其备用芯应按照屏蔽接地。如果是屏蔽电缆，屏蔽层已经接地，则备用芯可不接地，穿管多芯电缆备用芯也可不接地。

　　模拟信号线在进入机柜时必须直接接地，建议使用夹板将屏蔽层直接固定到屏蔽地汇流条上，大面积接触有利于干扰电流的汇放，如图 4-15 所示。

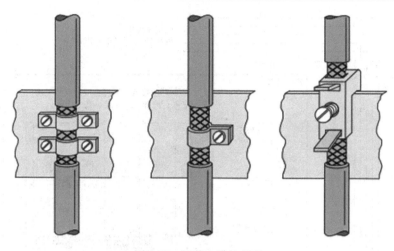

图 4-15　屏蔽电缆的处理

　　图 4-16 是实际的屏蔽层接地图，信号电缆的屏蔽层和屏蔽地汇流条采用大面积接触的方式。

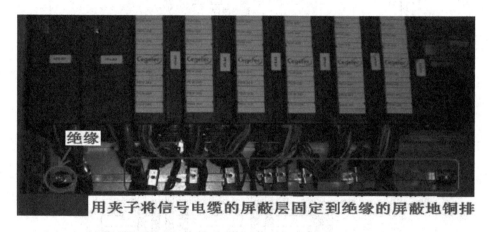

图 4-16　屏蔽电缆的处理

　　在实际应用中，常见的错误多是由于现场柜体内部没有分 PE 排和屏蔽排，因此现场无法将屏蔽地跟 PE 完全分开，只能将屏蔽层与 PE 在柜内短接；另外屏蔽层的处理不规范，特别是电源线，容易接成"猪尾巴"形式，如图 4-17 所示。

　　4）现场仪表工作接地连接原则

　　a. 现场仪表的工作接地一般应在控制室侧接地。

　　b. 要求或必须在现场接地的仪表，应在现场接地。

　　c. 接地型热电偶、PH 计及电磁流量计等仪表只能在现场接地。

　　d. 当现场仪表连接至 PLC 模板时，关于每种模板的详细接地要求，请参考相关的手册。例如图 4-18 是 6ES7332-7KF02-0AB0 接热电偶时的接线图及地线连接方式。

　　e. 现场仪表接线箱两侧的电缆屏蔽层应在箱内跨接

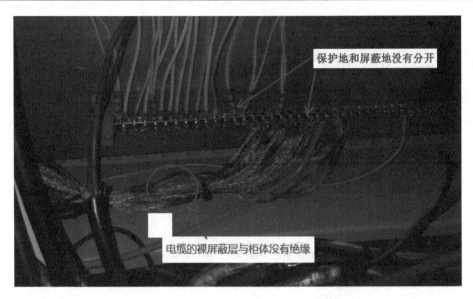

图 4-17　现场柜体内的屏蔽及接地处理不规范

《S7–300模块数据》设备手册

接线：带外部补偿的热电偶

使用内部补偿时，必须在Comp+和$M_{ANA}$间进行桥接。

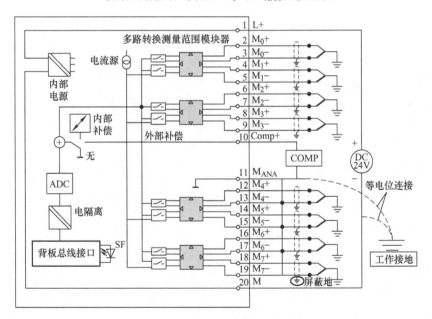

图 4-18　信号模板侧的接线及接地

现场仪表接线箱内的多芯电缆备用芯宜在箱内作跨接，然后根据图 4-19 的示例处理。端子连接前，最好将屏蔽层进行处理，具体方法如图 4-15 所示。

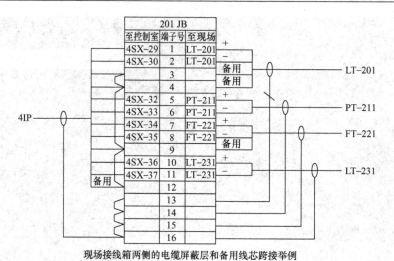

现场接线箱两侧的电缆屏蔽层和备用线芯跨接举例

图 4-19    现场接线箱内的屏蔽层处理

# 第 5 章　驱动系统的接地

变频器从原理上讲是将交流电变成直流电，再将直流电变成所需要的电源传输给电动机，从而驱动电动机工作的设备。由于在交流电变直流电的过程中，会有谐波产生。因此，在自动化系统中，变频器常常是整个系统的干扰源，为了避免变频器给系统带来干扰，需要对变频器以及整个系统采取必要的防护措施，例如接地、加滤波器以及规范布线。

## 5.1　预防干扰的总原则

为达到设备、机器或控制柜的 EMC 规定，必须制定周密的计划，依据来源于：
- 取决于使用环境的 EMC 要求；
- EMC 区域方案；
- 等电位连接。

### 5.1.1　驱动系统的使用环境

●在 1 类环境（居住区域）中，允许的放射电平处在较低的级别。因此，对于 1 类环境中使用的设备必须具有较低的干扰放射性，所需的抗干扰性也相对较低。

●在 2 类环境（工业区域）中，允许的放射电平处在较高的级别。对于 2 类环境中使用的设备必须具有相对较高的干扰放射性，所需的抗干扰性也相对较高。

根据 EMC 产品标准 IEC 61800-3 的环境和类别见表 5-1。

表 5-1　IEC 61800-3 的环境和类别

| 环境 | 转速可调的驱动系统 PDS | | | |
|---|---|---|---|---|
| | 1. 环境（居住区域、商业区域和手工业区域）（民用电网） | | 2. 环境（工业区域）（通过分离变压器耦合的工业网络） | |
| 类别 | C1[①] | C2[②] | C3[③] | C4[④] |
| 电压、电流 | <1000V | | | ≥1000V 或 ≥400A |
| 电网系统 | TN、TT | | | TN、TT、IT |
| 专业人员 | 没有要求 | 安装和调试必须由专业人员进行 | | |

① C1 类没有产品供货。
② 如果驱动系统已由专业人员安装，则可在符合 EMC 产品标准 IEC 61800-3 的 1 类环境 C2 类中使用。
③ 在此文档中所描述的驱动系统与相应的滤波器可在符合 EMC 产品标准 IEC 61800-3 的 2 类环境 C3 类中使用。
④ 为满足 C4 类中符合 EMC 标准，设备制造商和设备操作人员必须在此情况下协商 EMC 标准的计划，即单独的、设备专用的措施。在允许的情况下，驱动系统也可根据 EMC 标准 IEC 61800-3 在未接地的电网（IT 电网）上使用。

### 5.1.2　EMC 区域方案

1）通过互相分隔干扰源和干扰汇点进行安装，能够简单、经济地实现设备或控制柜内部的抗干扰措施。该分隔必须在计划时予以考虑。

2）确定每个使用的设备是否具有潜在的干扰源或干扰汇点。

●典型的干扰源有变频器、制动模块、开关网络部件、接触器线圈等。

●典型的干扰汇点有自动化设备、编码器和传感器及其分析电子设备等。

●进行设备总范围或控制柜总范围在 EMC 区域的划分并为设备分配区域，如图 5-1 所示。根据各个设备系列也可使用诸如制动削波器、正电阻模块或类似组件。

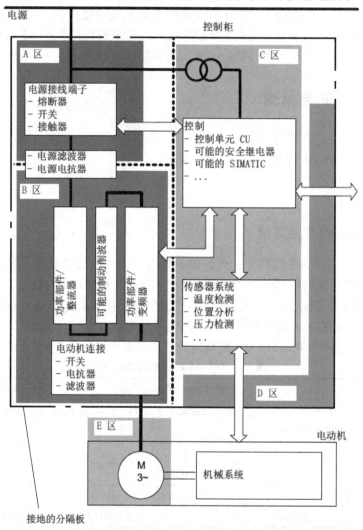

图 5-1　控制柜内 EMC 区域分配或驱动系统分配

图 5-1 中，A 区：电源连接。

必须遵守电缆干扰放射性和抗干扰性的限值。

B 区：功率电子设备。

干扰源：由整流器、可能的制动削波器、逆变器 + 可能的电动机侧电抗器和滤波器组成的变频器。

C 区：控制系统和传感器系统。

干扰汇点：敏感的控制系统电子设备和调节电子设备 + 传感器系统。

D 区：外设信号接口。

必须遵守抗干扰性的限值。

E 区：电动机和电动机电缆

干扰源。

其中：

● 每个区域都有干扰放射性和抗干扰性的不同要求。这些区域必须进行电磁去耦处理。可通过空间长间距进行去耦（大约 20cm）。使用分开的金属外壳或大面积的分隔板可以更好地、更节约空间地进行去耦。

● 不同区域的电缆必须分隔开，不允许在相同的电缆束或电缆通道中进行布线。在每个区域的连接处可能需要使用滤波器和/或耦合模块。通过电流隔断的耦合模块可以有效地阻止区域间的干扰扩散。

● 所有牵引到控制柜外部的通信电缆和信号电缆都必须经过屏蔽。对于较长的模拟信号电缆还需额外使用分隔放大器。

控制柜内的布置及电缆布线如图 5-2 所示。

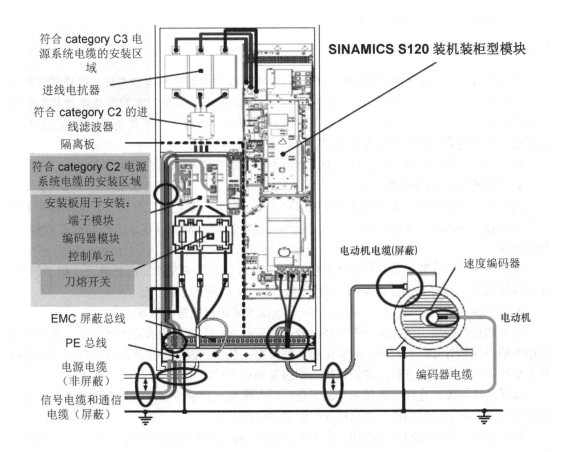

图 5-2　柜内的布置及电缆布线

：功率电缆和信号电缆的最小距离为 20 ~ 30cm。

：使用 EMC 屏蔽夹将电动机电缆的屏蔽层连接到 EMC 母排上，将三相对称 PE 线连接到 PE 母排上。

：使用 EMC 电缆密封管将电动机电缆的屏蔽层连接到电动机端子箱上。

：使用 EMC 屏蔽夹将信号、通信和编码器电缆的屏蔽层安装到由变频器提供的屏蔽连接选件上。

：将电动机编码器的屏蔽层连接到编码器的安装机架上。

：功率电缆和信号电缆成 90° 角。

：信号，总线和编码器电缆与柜壳和接地排应该尽可能的接近，而且与功率电缆的距离尽可能的要大。

注：Category 指的是表 5-1 中的类别。

## 5.1.3　等电位及接地连接

为确保复杂系统中各组件顺畅的合作运行，需要建立良好的等电位连接，此连接必须对技术频率超过 10MHz 以上的高频率有效。因此所有金属部件就会大面积互相连接从而构成等电位区域。同时，该连接也应避免两侧安装的屏蔽层由于过高的平衡电流而损坏或中断，以及组件由于过高的电压差而发生故障、损坏或损毁。

而连接至等电位区域之外的信号电缆必须配备有电流隔断的耦合模块。

**1. 控制柜内部的等电位连接**

通过所有金属部件互相大面积连接至尽可能多的位置，如控制柜外壳，控制柜框架上均可以实现控制柜内部的等电位连接。柜门由尽可能短的编织带状或接地电缆与框架或柜壳、柜体连接。

在机柜单元中安装的设备外壳和组件（如变频器、电源滤波器、控制单元、端子模块、传感器模块等）通过导电性良好的（镀锌的）装配板大面积互相连接。

此装配板和机柜框架，机柜单元的 PE 母线排或屏蔽母线排大面积导电相连。

涂漆的控制柜壁、装配板或带安装面较小的安装辅助工具不能满足上述要求。如果必须使用涂漆的控制外壳或装配板，应确保有足够良好的触点。因此，在装配点应使用连接垫圈并避免涂漆，如果要求进行防腐蚀保护，则应安装后再进行涂漆。

如果使用电缆或连接带连接多个装配板，则电缆或连接带应靠近信号电缆或者动力电缆以减少环路面积。控制柜内的等电位连接原理参见图 5-3。

而带状连接片因其较大的面积，在 EMC 要求方面更优于圆形连接片，如图 5-4、图 5-5所示。

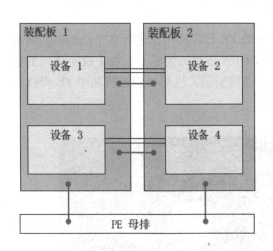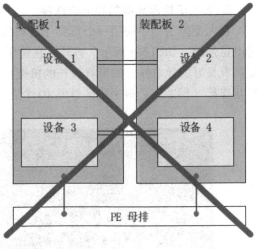

装配板最佳连接示例　　　　　　装配板错误连接示例

图 5-3　柜内的等电位连接

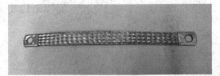

图 5-4　铜制编织带状连接片

图 5-5　现场实际的连接

**2. 多个机柜单元间的等电位连接**

在大型控制柜中使用一个贯穿于所有机柜单元的 PE 母线排可以进行多个机柜单元间的等电位连接，如图 5-6 所示。另外，在使用连接垫圈相互旋紧的情况下，各个机柜单元的框架具有良好的导电性。如果将较长的机柜背靠背地进行安装，应尽可能地将两个 PE 母线排互相连接（标准值：每个机柜单元 10 个旋紧螺钉）。

图 5-6　PE 母排进行等电位连接

**3. 移动部件/滑动组件的等电位连接**

在移动部件/滑动组件的等电位连接时，应采用等电位连接导线（至少 $10\text{mm}^2$）平行于动力电缆并靠近动力电缆进行布线。该等电位连接导线应尽量接近于滑动组件连接，并在机柜侧直接连接至工作模块的 PE 端子上。但此电缆必须有一定的牵引性。

**4. 在机器或厂房内进行驱动系统的等电位绑定**

通过将所有电气和机械驱动组件（变频器、控制柜、电机、变速器和负载机械）连接至接地系统中，可以在机器/设备的内部进行等电位连接。这些等电位连接线应该使用标准的、足够负荷的 PE 导线。高频率时进行等电位连接，应将电机电缆屏蔽层连接至所有驱动组件（电机、变速器和负载机械）。

图 5-7 显示了由多个 SINAMICS S120 机柜模块组成的典型大功率设备所有接地和所有高频率等电位连接的示例。其中，栅极接地比所示的接地棒效果更好。

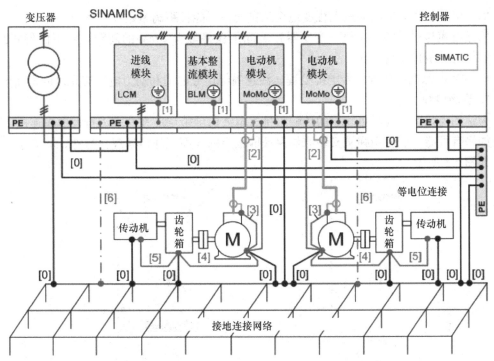

图 5-7  驱动系统接地示意图

| | |
|---|---|
| [0] | 该接地点显示了常规的驱动组件的接地。使用标准的、足够负载的但没有特殊高频特性的动力 PE 导线(导体)来实现连接并确保了低频等电位连接和人员保护 |
| [1] | 指的是控制柜内部的连接导线,用于集成的变频器组件的金属安装部分与柜内的 PE 母线排和 EMC 屏蔽母线排之间的高频防护。此内部连接可以通过控制柜的金属构造大面积实现,这些金属接触面必须裸露且其最小横截面积必须保证每个接触点若干 cm² 。或者也可以使用短的、细线的、网状铜导线(横截面积 > 95mm²)进行连接 |
| [2] | 该线为电动机电缆的屏蔽层。通过该屏蔽层的连接,提供了逆变器或电动机模块和电动机端子盒之间的高频等电位绑定。如使用的屏蔽层高频特性欠佳,也可使用红色标记的、细线的、网状铜芯线进行并联 |
| [3], [4], [5] | 这些连接线将电动机端子盒或齿轮箱和负载机械连接至电机外壳上,并提供良好的高频防护 |

## 5.2 电缆布线原则

屏蔽的动力电缆和信号电缆也应分开布线。为此在实际应用中可根据需要将各种电缆划分为不同的电缆组。同组的电缆可绑成一个线束。布线时,不同的电缆组间须保持必要的间距(一般最小间距为 20cm)。如何保证间隔距离,也可以在不同的电缆组之间采用屏蔽板进行隔离。为减少交叉干扰,所有电缆应尽可能靠近柜体的金属结构,当然,这些金属结构应该是通过柜体进行了接地的,例如柜内的金属安装背板。

为了以最小化天线效应所有电缆应尽可能地短。

信号电缆和动力电缆应最大程度地交叉布线，不能长距离紧贴平行布线。

信号电缆与强磁场（电机、变压器）之间须保持最少 20cm 的间距。除了保持间距外，也可以加装屏蔽板实现屏蔽。

DC24V 电源电缆作为信号电缆处理。注意确保信号电缆和动力电缆有充足的弯曲半径。

**1. 屏蔽电缆**

为达到高频区域内尽可能小的传输阻抗，电缆的屏蔽层应在两端进行大面积连接接地处理，如果有可能，应使用弹簧安装原件保证屏蔽层的大面积环接处理，另外，屏蔽应不能中断，如图 5-8 所示。

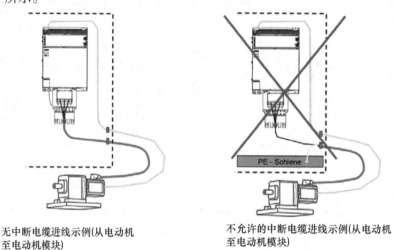

无中断电缆进线示例(从电动机 至电动机模块)　　　不允许的中断电缆进线示例(从电动机 至电动机模块)

图 5-8　屏蔽电缆不应中断

如果无法避免电缆中断，应确保图 5-9 中所显示的屏蔽端子跨接。

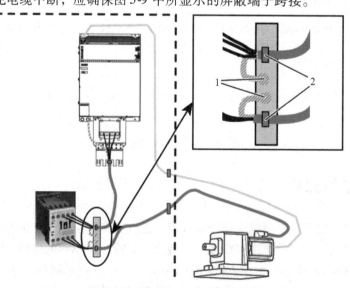

图 5-9　铜制编织带状连接片屏蔽跨接示例

1—保护线　2—屏蔽板

最好使用编织网状屏蔽层，不能使用金属薄膜屏蔽层，因为其电流承载能力比较小，屏蔽层也有可能被损坏。

屏蔽连接不允许同时用来减轻导线张力。可单独实现张力减轻，以致屏蔽层不承受张力。

在控制柜内允许采用其他的措施以达到屏蔽类似的效果，如根据贴着装配板布线、穿金属线槽或保持一定的距离。

**2. 动力电缆**

在变频器系统中的动力电缆，尤其是电动机电缆，属于干扰信号的最主要来源。因此，所有从驱动器电源滤波器输出端到电动机的电缆均不应中断，且必须绞合且进行屏蔽。根据经验，控制柜中 1m 之内的短连接线可以在无屏蔽的情况下进行绞合/束状且无屏蔽布线，如滤波器至电抗器之间的连接，电抗器至直流母线端等。典型电缆连接长度见表 5-2。

表 5-2　典型电缆连接长度（示例）

| 订 货 号 | 6SL3320- | 1TE32-1AA3 | 1TE32-6AA3 | 1TE33-1AA3 | 1TE33-8AA3 |
|---|---|---|---|---|---|
| 连接电缆 | | | | | |
| -DC-link 连接 | | M10 | M10 | M10 | M10 |
| -电机连接 | | M10 | M10 | M10 | M10 |
| -PE 连接电缆 PE1 | | M10 | M10 | M10 | M10 |
| -PE 连接电缆 PE2 | | M10 | M10 | M10 | M10 |
| 最大导体截面积 | | | | | |
| -DC-link 连接（DCP, DCN） | $mm^2$ | $2 \times 185$ | $2 \times 185$ | $2 \times 240$ | $2 \times 240$ |
| -Motor 连接（U2, V2, W2） | $mm^2$ | $2 \times 185$ | $2 \times 185$ | $2 \times 240$ | $2 \times 240$ |
| -PE 连接 PE1 | $mm^2$ | $2 \times 185$ | $2 \times 185$ | $2 \times 240$ | $2 \times 240$ |
| -PE 连接 PE2 | $mm^2$ | $2 \times 185$ | $2 \times 185$ | $2 \times 240$ | $2 \times 240$ |
| 最大电机电缆长度 | | | | | |
| -屏蔽的 | m | 300 | 300 | 300 | 300 |
| -非屏蔽的 | m | 450 | 450 | 450 | 450 |

注意：对应功率设备，请参看对应功率手册。

**3. 电动机模块上的电动机电缆屏蔽板**

在内装式设备上，电动机模块上应使用与之配备的屏蔽板。如果由于空间原因致使此屏蔽板未能安装，则将电动机模块上的屏蔽层尽可能地靠近屏蔽层所连接的背板。将屏蔽层应连接至柜体内的总接地母线排上，如图 5-10 所示。

**4. 电动机端子盒中电动机电缆屏蔽板**

为确保大面积的屏蔽连接，在端子盒中应使用 EMC 标准的旋紧螺钉，如 PG 密封螺钉。如果由于空间原因未能实现此屏蔽连接，应尽可能将屏蔽层连接至电动机外壳上，如图 5-11 所示。

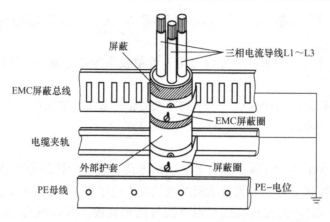

图 5-10　通过 EMC 屏蔽夹到 EMC 屏蔽母排的屏蔽连接

### 5. 编码器电缆

编码器和编码器电缆属于较敏感的设备部件。一旦信号被干扰将导致设备故障。因此，应采用双屏蔽的编码器电缆，其中外部屏蔽层应双端接地，内部屏蔽层可单端连接在驱动器上。

（1）带插接的编码器电缆

屏蔽层通常通过插头相连接，如图 5-12 所示。

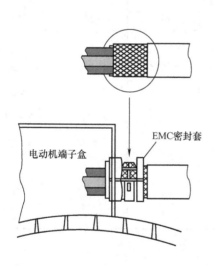

图 5-11　通过 EMC 实现屏蔽层与
电动机端子盒的连接

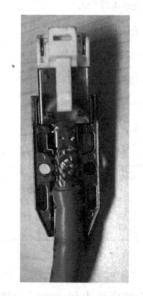

图 5-12　编码器接头内部的屏蔽层

（2）DRIVE-CLiQ 编码器电缆

DRIVE-CLiQ 编码器电缆的屏蔽层是连接在插头上的。

### 6. DRIVE-CLiQ 电缆

DRIVE-CLiQ 电缆的屏蔽层是连接在插头上的。

由于 DRIVE-CLiQ 电缆的插头类型（集成了 24V 电源供电）的不同，普通的商用以太网线缆是不能被用于 DRIVE-CLiQ 线缆的，且长度最长为 100m。

### 7. 现场总线电缆

现场总线必须有稳定并不出错的特点。因此，使用现场总线连接设备过程中，必须遵守以下要求：

- 与动力电缆之间保留足够的间距；
- 总线组件上应进行屏蔽层的连接；
- 控制柜入口处应进行屏蔽层的连接；
- 等电位连接。

PROFIBUS，PROFINET

PROFIBUS 电缆或 PROFINET 电缆和动力电缆之间的最小间距为 20cm。

通过插头接口可实现 PROFIBUS 组件或 PROFINET 组件间的屏蔽连接。如果组件并未安装到金属的装配板上，必须另外布入一条 4mm$^2$ 的等电势线并至连接保护地。

必须在控制柜入口处进行屏蔽连接，以满足 1 类环境中的吸收限值。在 2 类环境中，屏蔽连接也是推荐方案。

如果 PROFIBUS 或 PROFINET 节点位于不同的建筑物或建筑物不同部分，则必须平行于 PROFIBUS 电缆或 PROFINET 电缆连接一根等电位连接线。该等电势连接必须满足 IEC60364-5-54 标准中对最小横截面的要求：

PN 电缆的屏蔽层处理如图 5-13 所示。

该连接线必须满足 IEC 60364-5-54 中对最小横截面积的要求：

- 铜制最小横截面积为 6mm$^2$；
- 铝制最小横截面积为 16mm$^2$；
- 钢制最小横截面积为 50mm$^2$。

对于现场总线电缆的屏蔽层的连接，应满足大面积环接的基本要求，如图 5-13 所示。

### 8. 模拟量信号电缆

模拟量信号的电缆屏蔽层必须在两端进行连接。如图 5-14 的屏蔽层连接示例。另外，应在信号输出端和输入端之间进行良好的等电位连接。

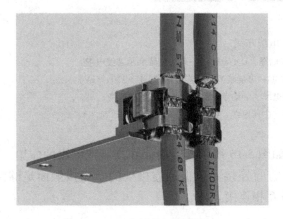

图 5-13　PN 电缆的屏蔽层处理

图 5-14　屏蔽层连接示例

## 5.3 电缆桥架/工厂电缆布线

如果电缆不能直接从控制柜接至设备，就应该在电缆桥架/电缆槽内进行布线。

电缆布线时也应遵守 5.2.1 节中所描述的间距和屏蔽要求。图 5-15 所示为布线示例。

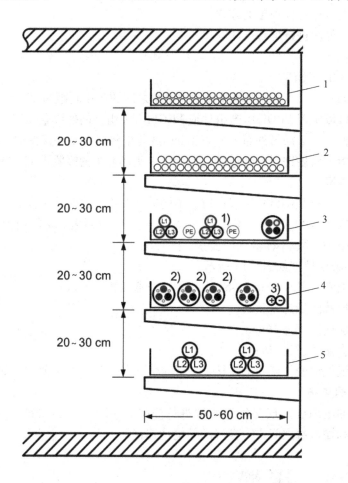

图 5-15　电缆布线

1—信号电缆、数据电缆、总线电缆和单芯线电缆，U < 60V　2—信号电缆和单芯线电缆，

U = 60 ~ 100V　3—带低干扰电平的动力电缆（如：未屏蔽的电源连接电缆，U > 230 ~ 1kV）

4—高干扰电平的动力电缆（如：电动机电缆、制动单元和制动电阻之间的电缆，

U > 230V 至 1kV）　5—中压电缆，U > 1kV

电缆桥架/电缆槽也应进行等电位连接，如图 5-16 所示。为确保在高频范围内的应用，电缆桥架/电缆槽也应与控制柜和电动机外壳进行连接（应保证连接处的金属接触面足够大）。同时，电缆桥架/电缆槽各部件之间也应互相连接。

图 5-16　电缆桥架

## 5.4　电源滤波器、电源电抗器、驱动设备的连接排列

　　连接至驱动设备（变频器）的电缆应在主开关和熔断器之后，在进线滤波器之前。变频器电源滤波器的外壳和其电源进线必须低阻相连，以防止高频干扰电流。因此，应将设备安装在一个共同的、导电的（镀锌）安装背板上，并保持和安装背板大面积连接。

　　电源电抗器的安装应尽量地靠近滤波器和电源，如图 5-17 所示。

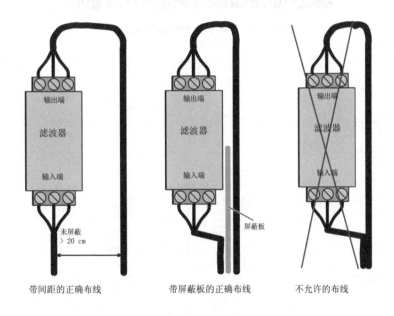

图 5-17　滤波器的布线

　　推荐的做法是从控制柜入口开始就对电源电缆进线屏蔽处理。

　　实际的设备布置如图 5-18 所示。

图 5-18　变频柜内的设备布置示例

# 第6章　低压产品的接地

## 6.1　SIMOCODE 的接地要求

### 6.1.1　SIMOCODE Pro 系统功能概述

SIMOCODE Pro 是智能电动机的管理控制系统，它的中央处理单元是微处理器，所有的控制和保护功能都是由微处理器执行，包括联锁功能、运行计算、诊断和统计数据以及自动控制及与电动机回路之间的高性能的通信等。

SIMOCODE Pro 系统分为三个不同功能的设备：

1）SIMOCODE Pro C——用于直接和可逆的紧凑型系统，没有扩展功能，支持 PROFIBUS DP 通信，如图 6-1 所示。

2）SIMOCODE Pro S——紧凑型设计，可以扩展多功能模块，支持 PROFIBUS DP 通信，如图 6-2 所示。

3）SIMOCODE Pro V——除上述两个系列的基本功能外，还可以提供更加丰富的监控功能，如图 6-3 所示。

●控制双速电动机，监控电压、能耗，可拓展多种功能模块，如接地故障模块，温度检测模块，模拟量模块，数字量模块；

图 6-1　SIMOCODE Pro S

图 6-2　SIMOCODE Pro C

图 6-3　SIMOCODE Pro V

●可以拓展安全模块，实现故障安全停机（如急停，安全门应用），可达到 SIL3/Ple 安全等级；

●支持 PROFIBUS-DP 及 PROFINET 通信。未来还会支持 Modbus RTU 及 Modbus TCP 通信。

由于现有的 SIMOCODE 产品大多应用在 PROFIBUS 网络中，而其又跟电动机的应用结合在一起，因此对于产品的接地的处理就显得非常重要，如图 6-4 所示。

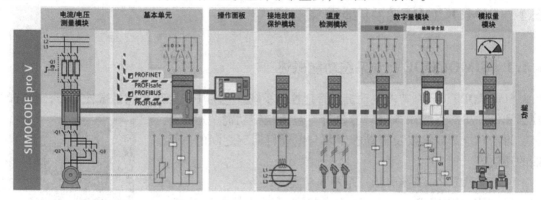

图 6-4　SIMOCODE Pro V 主要部件一览

## 6.1.2　SIMOCODE 接地一般性指导

对于 SIMOCODE 产品的使用线缆（包括接地电缆）以及布线应满足下列基本原则：

1）对连接 SIMOCODE Pro C 及 SIMOCODE Pro V 基本单元及扩展模块的供电、控制及接地线缆的截面积、剥线长度及紧固力矩应满足如下要求，如图 6-5 所示。

| 可拆卸端子 | 一字旋具 | 紧固扭矩 |
|---|---|---|
| | PZ2/<br>φ5～6mm | 扭矩：7IN LB～10.3IN LB<br>0.8Nm～1.2Nm |
| | 剥皮长度 | 电缆截面积 |
| | **10**<br>实心 | 2×0.5mm²～2.5mm²/<br>1×0.5mm²～4mm²<br>2×AWG 20～14/1×AWG 20～12 |
| | **10**<br>带/不带端套的绞合线 | 2×0.5mm²～0.06in²/<br>1×0.5mm²～0.10in²<br>2×AWG 20～16/1×AWG 20～14 |

图 6-5　SIMOCODE Pro C 及 SIMOCODE Pro V 线缆要求

2）对连接于 SIMOCODE Pro S 基本单元的电缆及接地线缆的截面积、剥线长度及紧固力矩应满足下列要求，如图 6-6 所示。

| 可拆卸端子 | 一字旋具 | | 紧固扭矩 |
|---|---|---|---|
|  |  | PZ1/ϕ4.5mm | Torque：<br>5.2~7.0LB. IN<br>0.6~0.8Nm |
| | 剥皮长度 | | 电缆截面积 |
| | 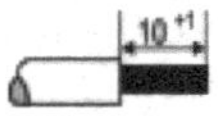 | 实心 | $2 \times 0.5 \sim 1.5mm^2$/<br>$1 \times 0.5 \sim 2.5mm^2$<br>$2 \times AWG\ 20 \sim 16$/<br>$1 \times AWG\ 20 \sim 14$ |
| | 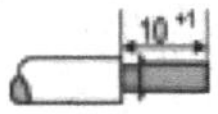 | Finely stranded<br>with end sleeve | $2 \times 0.5 \sim 1.0mm^2$/<br>$1 \times 0.5 \sim 2.5mm^2$ |
| | 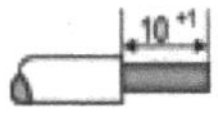 | Finely stranded<br>without end sleeve | |
| | PROFIBUS | | $2 \times 0.34mm^2$/$1 \times 0.34mm^2$ |

图 6-6　SIMOCODE Pro S 线缆要求

3）接地线长度尽量短，考虑就近接地的原则。

4）将电机的动力回路与 SIMOCODE 的供电回路及信号回路隔开或保证一定的距离，参考图 6-7。

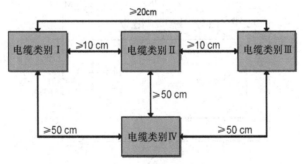

图 6-7　电缆间隔建议

5）SIMOCODE 输出端连接感性负载时，应加装浪涌抑制（吸收）装置。

## 6.1.3　SIMOCODE 基本单元接地

### 1. SIMOCODE Pro C 及 Pro V 基本单元接地

如果 PROFIBUS-DP 的通信电缆通过 SUB-D9 接口与 SIMOCODE Pro C 及 Pro V 的基本单元连接，则通信电缆的屏蔽线已经通过 SUB-D9 接口连接到 SIMOCODE Pro 的 SPE/PE 端子。

注意：此时需要将 SPE/PE 端子做接地处理，如图 6-8 所示。

如果通信电缆通过端子连接到 SIMOCODE Pro 基本单元，则通信电缆的屏蔽线需要连接到 SPE/PE 端子上，同时将 SPE/PE 端子与接地系统可靠连接。

　　如果 SIMOCODE Pro 基本单元没有连接通信电缆，需要将 SPE/PE 端子连接至系统的接地端。

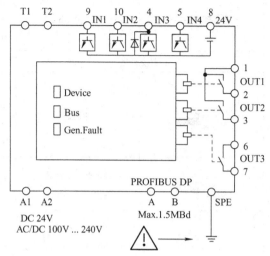

图 6-8　SIMOCODE Pro V 基本单元端子示意

**2. 数字量扩展模块接地**

使用数字量模块需要保证数字量模块 SPE 端子可靠接地，如图 6-9 所示。

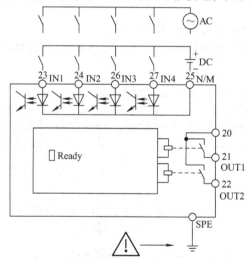

图 6-9　数字量扩展模块接地示意

**3. 接地故障检测模块的接地**

　　接地故障检测模块与零序电流互感器 3UL 配合使用，如图 6-10 所示，尤其在高阻抗接地系统中可以使用零序电流互感器检测较小的接地电流。零序电流互感器可以检测出穿过其检测回路的三相电流的矢量和，将这个信号接入接地故障检测模块中，SIMOCODE 系统可以设定阈值，判断是否发生接地故障，如图 6-11 所示。

　　●使用接地故障模块，需要保证 SPE 端子可靠接地。

　　●零序电流互感器 3UL22 及 3UL23 与接地故障模块间的连接电缆建议使用屏蔽线，并且屏蔽层需要连接至等电位连接点。

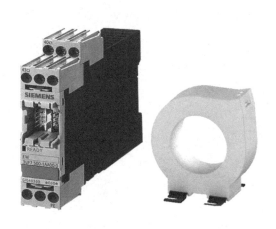

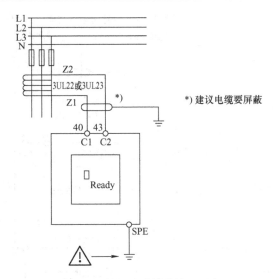

图 6-10 接地故障模块与零序互感器

图 6-11 接地故障模块接地示意

**4. 温度检测模块的接地**

如图 6-12 所示。

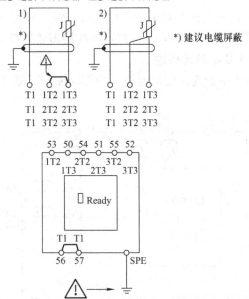

图 6-12 温度检测模块接地示意

● 使用温度检测模块，需要保证 SPE 端子可靠接地。

● 温度传感器与温度测量模块间的连接电缆建议使用屏蔽线，并且屏蔽层需要连接至等电位连接点。

**5. 模拟量模块的接地示意**

如图 6-13 所示。

● 使用模拟量模块，需要保证模块 SPE 端子可靠接地。

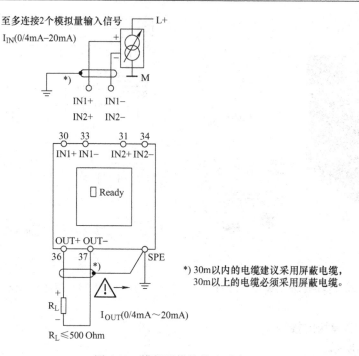

图 6-13　模拟量模块接地示意

● 模拟量传感器及执行器与模拟量模块间的连接电缆，长度 30m 以内建议使用屏蔽线；长度 30m 以上的电缆必须使用屏蔽线，并且屏蔽层需要连接至等电位连接点。

**6. SIMOCODE Pro S 基本单元接地**

无论 SIMOCODE Pro S 是否连接通信电缆，均需保证 SPE 端子与系统接地可靠连接，如图 6-14 所示。

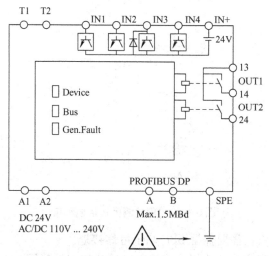

图 6-14　SIMOCODE Pro S 基本单元端子示意

SIMOCODE Pro S 的 PROFIBUS-DP 通信线缆仅支持通过端子连接方式与基本单元连接。安装时，需要使用通信线安装固定套件，将通信电缆的屏蔽线压接至安装套件上，并将固定套件引出线安装至 SPE 端子上，SPE 端子需连接至系统的接地端，安装步骤如图 6-15 所示。

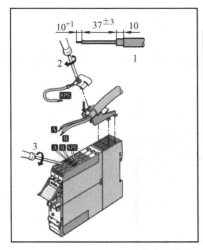
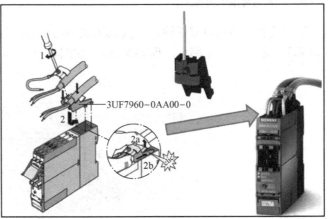

图 6-15　SIMOCODE Pro S 固定套件安装步骤

### 7. SIMOCODE Pro S 多功能模块接地

使用 SIMOCODE Pro S 多功能模块需要保证 SPE 端子可靠接地，如图 6-16 所示。

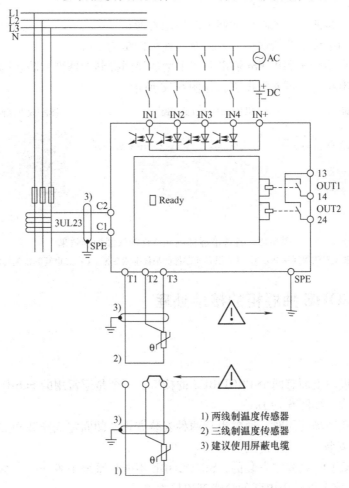

1) 两线制温度传感器
2) 三线制温度传感器
3) 建议使用屏蔽电缆

图 6-16　多功能模块接地示意

### 6.1.4　抑制电路的使用

感性负载，如接触器线圈，在其电源关闭时，会产生一个较高的感应电压。电压峰值可达到 4kV，电压上升速率可达到 1kV/ms，如图 6-17 所示。

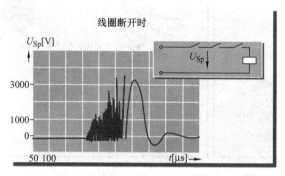

图 6-17　无浪涌抑制器情况下，接触器线圈的分断波形

这个瞬间的高电压可能会引起：
- 严重的电气腐蚀，大大减少元器件的使用寿命；
- 反馈到控制系统中的错误信号，以及对通信网络的干扰。

因此，建议在 SIMOCODE Pro 输出回路中增加浪涌抑制元器件，防止因接触器通断产生的瞬间高压对输出端造成可能的损害，如图 6-18 所示。

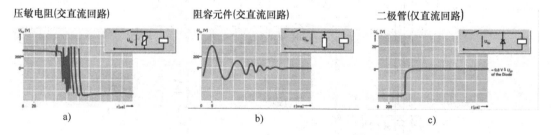

图 6-18　各种浪涌抑制元器件的浪涌抑制效果
a）压敏电阻的浪涌抑制效果　b）阻容元器件的浪涌抑制效果　c）二极管的浪涌抑制效果

## 6.2　SIMOCODE 抽屉柜的接地处理

### 6.2.1　概述

SIMOCODE 模块上面有两个 PROFIBUS 的接口，一个是通常用的 Sub-D 接口，另外一个是端子连接的方式，如图 6-19 所示。

SIMOCODE 在现场使用时，通常也有两种安装方式，即固定式安装和抽屉式安装。

（1）固定式安装

此时，SIMOCODE 是固定安装的，SIMOCODE 不能从系统中脱开的，总线也不会出现中断的情况，DP 连接可以采用串联的总线型连接方式。

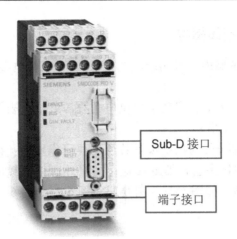

图 6-19　SIMOCODE 基本单元的通信接口

（2）抽屉式安装

如果 SIMOCODE 是安装在抽屉柜内，则由于该抽屉需要随时从柜体中抽出，因为此时相对于 DP 的主干网来讲，每个抽屉柜内的 SIMOCODE 只能作为分支来连接如图 6-20 所示。

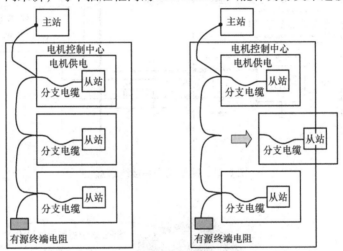

图 6-20　抽屉式安装示意图

注意：通信电缆的屏蔽层在抽屉内和抽屉外均要可靠接地。

抽屉式的安装方式：分支电缆（Spur line）的长度以及每个网段中分支电缆的长度总和都和 PROFIBUS-DP 的波特率有关，见表 6-1。

表 6-1　抽屉式安装方式对通信波特率的要求

| 传输速率 | 9.6～93.75kBit/s | 187.5kBit/s | 500kBit/s | 1500kBit/s | 3～12MBit/s |
|---|---|---|---|---|---|
| 网段最大长度/m | 1200 | 1000 | 400 | 200 | 100 |
| 网络最大长度/m(9 个中继器) | 12000 | 10000 | 4000 | 2000 | 1000 |
| 分支线总长/网段/m | 96 | 75 | 30 | 10 | 0 |
| 最大站数，每分支线长度为 1.5m | 32 | 32 | 20 | 6 | 0 |
| 最大站数每分支线长度为 3m | 32 | 25 | 10 | 3 | 0 |

### 6.2.2 抽屉式的安装接线指导

1）分支电缆安装在抽屉内，采用统一的 PROFIBUS-DP 电缆，要求与柜外相同；

2）需要在每个网段的末端，安装独立供电的有源终端电阻模块，有源终端电阻如图 6-21 所示。

3）抽屉内、抽屉外部分的通信电缆屏蔽层均要可靠接地：抽屉内通信电缆屏蔽层要在接头连接器处接地；抽屉外通信电缆屏蔽层要在近连接器处接地。如图 6-22、图 6-23、图 6-24、图 6-25 所示。

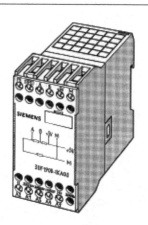

图 6-21　有源终端电阻
3UF1900-1K. 00

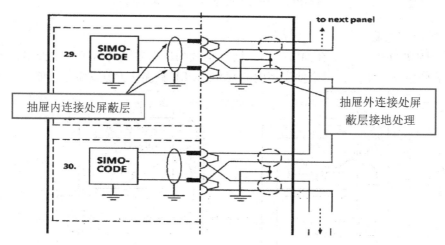

图 6-22　抽屉式安装接线示意

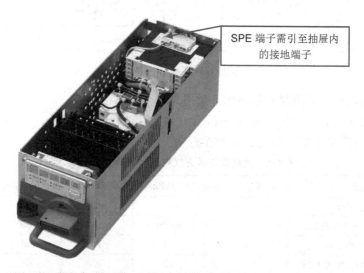

图 6-23　抽屉式屏蔽电缆接线示意

图 6-24　通信电缆插件插座

图 6-25　通信电缆插件插座

## 6.3　防雷产品接地

### 6.3.1　防雷产品概述

过电压会对电气和电子设备装置造成破坏，这种破坏不仅限于工业和商业设施。楼宇管理系统及日常使用的家用电器也会受到影响。如果没有有效的电压保护，就会存在因设备发生损坏而产生昂贵的维修费或更换设备的风险。过电压通常由雷电放电、电路中的分断操作以及静电放电所引起。加装雷电和浪涌保护器是一种防护过电压的有效措施。

防雷产品按照不同的防雷功能，根据不同的标准通常有不同的等级分类，参照表 6-2。

表 6-2　防雷产品的保护等级

| 标　　准 | 防直接雷 | 防感应雷 | 防感应雷 |
|---|---|---|---|
| 国家标准 | I | II | III |
| IEC 标准 | I | II | III |
| 德国标准 | B | C | D |

按照防雷产品布置在配电系统中的位置，通常可以按照图 6-26 选择浪涌保护器。通常在防雷 0 区和防雷 1 区交界配置 B 级浪涌抑制器，放电电流通常在 70kA 以上；在防雷 1 区及防

雷 2 区交界配备 C 级浪涌抑制器，放电电流在 40kA 以上；在防雷 2 区及防雷 3 区交界配备 C/D 级浪涌抑制器，放电电流在 10kA 以上。按照配电盘位置配置浪涌抑制器如图 6-26 所示。

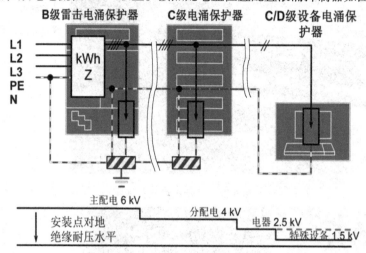

图 6-26　按照配电盘位置配置浪涌抑制器

## 6.3.2　防雷产品接线的一般性原则

1）浪涌抑制器与配电网络及接地网络的连接线直径越大越好，线缆长度越小越好；

2）按照产品手册的要求，选择合适的后备保护元件，如熔断器或断路器；

3）在电器柜内安装满足 50cm 原则，如图 6-27 所示，d1 + d2 + d3 的长度不超过 50cm，

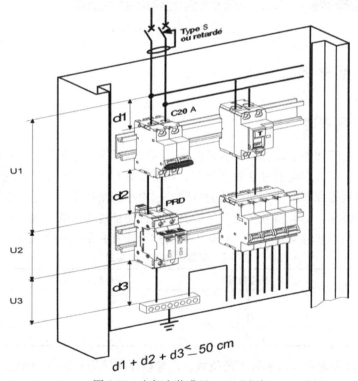

图 6-27　电柜安装满足 50cm 原则

以限制可能产生的浪涌电压。

### 6.3.3　西门子防雷产品接线

这里以 T1（B）级浪涌产品为例，分别列举浪涌抑制器在各种不同配电系统中的配置要求，包括线缆的直径要求，后备保护的选择建议。

T2/T3（C/D）级别的浪涌抑制器的系统配置与 T1 级别基本构架相同，本文不一一详述，具体的配置建议请参考相关型号手册。

系统配置说明：

1）每种配置提供 A 及 B 两种系统配置；

2）F1 及 F2 为后备保护熔断器的配置建议；

3）S2 及 Spe 分别为浪涌抑制器与配电网络及接地网络连线的直径配置建议；

4）图 6-28 中 a 是指 SPD 连接至配电系统的电缆长度，b 是指 SPD 连接至接地网络的电缆长度；

5）各系统的接地线缆尺寸需符合接地总述中关于防雷接地网络的要求。

**1. T1 级 3P + N，TN/TT 系统应用**

如图 6-28 所示。

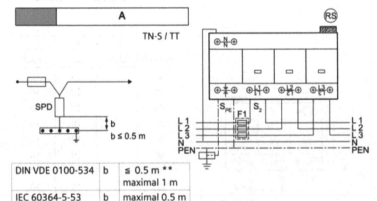

| $F_1$ AgL/gG | $S_2$ /mm² | $S_{PE}$ /mm² |
|---|---|---|
| 25 | 10 | 16 |
| 35 | 10 | 16 |
| 40 | 10 | 16 |
| 50 | 10 | 16 |
| 63 | 10 | 16 |
| 80 | 16 | 16 |
| 100 | 25 | 16 |
| 125 | 35 | 16 |

| DIN VDE 0100-534 | b | ≦ 0.5 m ** maximal 1 m |
|---|---|---|
| IEC 60364-5-53 | b | maximal 0.5 m |

| $F_1$ AgL/gG | $F_2$ AgL/gG | $S_2$ /mm² | $S_{PE}$ /mm² |
|---|---|---|---|
| 25 | | 10 | 16 |
| 35 | | 10 | 16 |
| 40 | | 10 | 16 |
| 50 | | 10 | 16 |
| 63 | | 10 | 16 |
| 80 | | 10 | 16 |
| 100 | | 16 | 16 |
| 125 | | 16 | 16 |
| 160 | | 25 | 25 |
| 200 | 160 ** | 35 | 35 |
| 250 | | 35 | 35 |
| 315 * | | 50 | 50 |
| >315 | | 50 | 50 |

| DIN VDE 0100-534 | a+b | ≦ 0.5 m ** maximal 1 m |
|---|---|---|
| IEC 60364-5-53 | a+b | maximal 0.5 m |

图 6-28　T1 级 3P + N，TN/TT 系统应用

## 2. T1 级 3P，TN-C 系统应用

如图 6-29 所示。

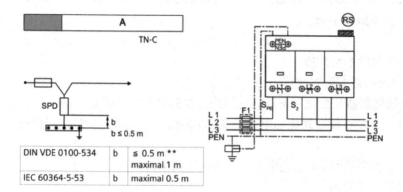

| F₁ AgL/gG | S₂ /mm² | S_PE /mm² |
|---|---|---|
| 25 | 10 | 16 |
| 35 | 10 | 16 |
| 40 | 10 | 16 |
| 50 | 10 | 16 |
| 63 | 10 | 16 |
| 80 | 16 | 16 |
| 100 | 25 | 16 |
| 125 | 35 | 16 |

| DIN VDE 0100-534 | b | ≤ 0.5 m ** maximal 1 m |
|---|---|---|
| IEC 60364-5-53 | b | maximal 0.5 m |

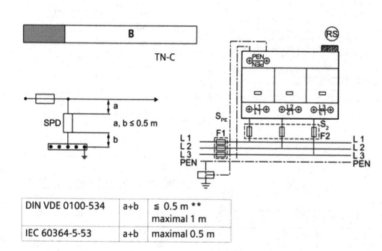

| F₁ AgL/gG | F₂ AgL/gG | S₂ /mm² | S_PE /mm² |
|---|---|---|---|
| 25 | | 10 | 16 |
| 35 | | 10 | 16 |
| 40 | | 10 | 16 |
| 50 | | 10 | 16 |
| 63 | | 10 | 16 |
| 80 | | 10 | 16 |
| 100 | | 16 | 16 |
| 125 | | 16 | 16 |
| 160 | | 25 | 25 |
| 200 | 160 * * | 35 | 35 |
| 250 | | 35 | 35 |
| 315 * | | 50 | 50 |
| >315 | | 50 | 50 |

| DIN VDE 0100-534 | a+b | ≤ 0.5 m ** maximal 1 m |
|---|---|---|
| IEC 60364-5-53 | a+b | maximal 0.5 m |

图 6-29　T1 级 3P，TN-C 系统应用

## 3. T1 级 2P，TN/TT 系统应用

如图 6-30 所示。

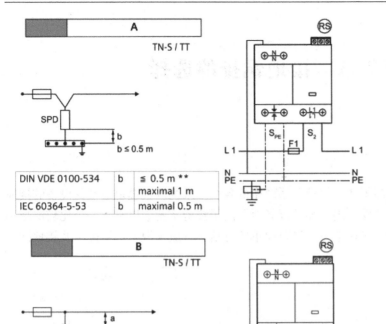

| $F_1$ AgL/gG | $S_2$ /mm² | $S_{PE}$ /mm² |
|---|---|---|
| 25 | 10 | 16 |
| 35 | 10 | 16 |
| 40 | 10 | 16 |
| 50 | 10 | 16 |
| 63 | 10 | 16 |
| 80 | 16 | 16 |
| 100 | 25 | 16 |
| 125 | 35 | 16 |

| $F_1$ AgL/gG | $F_2$ AgL/gG | $S_2$ /mm² | $S_{PE}$ /mm² |
|---|---|---|---|
| 25 | | 10 | 16 |
| 35 | | 10 | 16 |
| 40 | | 10 | 16 |
| 50 | | 10 | 16 |
| 63 | | 10 | 16 |
| 80 | | 10 | 16 |
| 100 | | 16 | 16 |
| 125 | | 16 | 16 |
| 160 | | 25 | 25 |
| 200 | 160 * * | 35 | 35 |
| 250 | | 35 | 35 |
| 315 * | | 50 | 50 |
| >315 | | 50 | 50 |

图 6-30　T1 级 2P，TN/TT 系统应用

# 第7章 接地铜排的选择

## 7.1 接地系统

在前面几章中，分别介绍了西门子控制系统中的各个分系统以及模块或硬件设备的接地规范；还介绍了整个系统的接地原则，相信读者对西门子接地系统应该有了一个比较清晰和全面的了解，在这一章里，将对接地系统进行简单的总结。一般来说工厂供配电及接地网如图 7-1 所示。

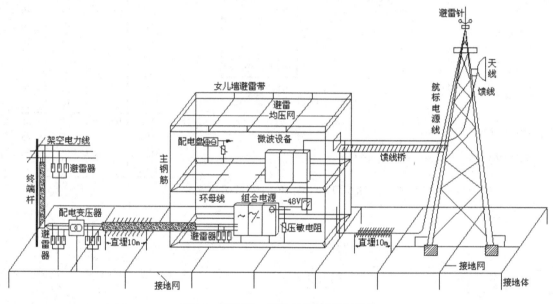

图 7-1 工厂供、配电及接地网示意图

总之，接地系统主要涉及六个方面，即接地线、接地母线、接地干线、主接地母线、接地引入线和接地体。

### 7.1.1 接地线

接地线是指综合布线系统各种设备与接地母线直接的连线。一般来讲，接地线应为铜质绝缘导线，其截面积应不小于 4mm²。对于系统中的屏蔽电缆，应进行环接处理，须避免"猪尾巴"现象。若电缆采用穿钢管或金属线槽敷设时，钢管或金属线槽应保持连续的电气连接，并应在两端具有良好的接地。

### 7.1.2 接地母线

接地母线也称层接地端子，它是一条专门用于建筑物楼层内的公用接地端子。其一端要直接通过接地干线相互连接在一起，另一端则应与本楼层配线架、配线柜、钢管或金属线槽等设施所连接的接地线连接。它属于一个中间层次，比上面介绍的接地线高一个层次，而比下面介绍的接地干线又要低一个层次。

接地母线通常与楼层内水平布线系统并排安装，用于整个楼层布线系统的公用接地。接地母线应为铜母线，其最小的尺寸应为 6mm（厚）×50mm（宽），长度视工程实际需要来确定。接地母线应采用电镀锡以减小接触电阻（不要手工绑接）。

### 7.1.3　接地干线

接地干线用于集中连接不同楼层的接地母线，因而比上面介绍的接地母线高一个层次。它是用于同一建筑物不同楼层之间的公用接地，通常垂直安装在不同楼层之间。

在进行接地干线的设计时，应充分考虑建筑物的结构形式、建筑物的大小及综合布线的路径与空间配置，并与综合布线电缆干线的敷设相协调。

接地干线应安装在不受物理和机械损伤的保护处，建筑物内的水管及金属电缆屏蔽层不能作为接地干线使用。最好采用专门的屏蔽层保护，如装入钢管中。

当建筑物中使用两个或多个垂直接地干线时，垂直接地干线间每隔三层时，其顶层需用与接地干线等截面积的绝缘导线相焊接。

接地干线应为绝缘铜芯导线，最小截面积应不小于 $16mm^2$。

### 7.1.4　主接地母线（总接地端子）

主接地母线又称"总接地端子"，它用于整个建筑物的公共接地，又比上面介绍的接地干线高一个层次。

一般每栋建筑物只需一个主接地母线，它的一端连接的是接地干线，另一端连接的是保护器类装置，最好也采用专门的屏蔽护套。但要注意，如果整个建筑物中只有一条接地干线，则这个主接地母线也就没必要了，接地干线同时起到主接地母线的作用。

主接地母线作为综合布线接地系统中接地干线及设备接地线的转接点，其理想位置宜设于外线引入间或建筑配线间。主接地母线应布置在直线路径上，同时考虑从保护器到主接地母线的焊接导线不宜过长。接地引入线（下面将介绍）、接地干线、直流配电屏接地线、外线引入间的所有接地线，以及与主接地母线位于同一配线间的所有综合布线用的金属架均应与主接地母线很好地焊接。

当外线引入电缆配有屏蔽或穿金属保护管时，此屏蔽和金属管也应焊接至主接地母线。主接地母线应采用铜母线，其最小截面积尺寸为 6mm（厚）×100mm（宽），长度可视工程实际需要而定。与接地母线一样，主接地母线也应尽量采用电镀锡以减小接触电阻。

### 7.1.5　接地引入线

接地引入线指保护器装置与接地体（下面将要介绍）之间的连接线，这个比较容易理解。为了达到良好的接地效果，接地引入线宜采用 40mm（宽）×4mm（厚）或 50mm（宽）×5mm（厚）的镀锌扁钢；同时接地引入线应做绝缘防腐处理，在其出土部位应有防机械损伤措施，且不宜与暖气管道同处埋放。

### 7.1.6　接地体

接地体实际是起通常接地中所说的"大地"作用的，分为自然接地体和人工接地体两种。自然接地体有常年与水接触的钢筋混凝土水工建筑物的表层钢筋、压力钢管及闸门、拦污栅的金属埋设件、留在地下或水中的金属体等。而人工接地体通常是指人为在地下埋设的钢材制品和铜制品。在钢材制品埋设中又分为垂直安装接地体和水平安装接地体两种。

接地系统中的垂直接地体，宜采用长度不小于2.5m的热镀锌钢材（也可根据埋设地网的土质及地理情况决定垂直接地体的长度）、铜包钢，或者采用新型的接地电极。垂直接地体间距一般应大于5m，具体可以根据地网大小、施工情况来确定。地网四角的连接处应埋设垂直接地体。接地系统中的水平接地体一般采用热镀锌扁钢，水平接地体应与垂直接地体焊接连通。

## 7.2　接地排的选择

### 7.2.1　铜排的标识及使用

铜排又称铜母线，一般在配电柜中的A、B、C以及U、V、W相母排和PE母排均采用铜排。

其中：

1）A、U相一般标识为"黄"色；

2）B、V相一般标识为"绿"色；

3）C、W相一般标识为"红"色；

4）N相一般为"蓝"色；

5）PE母线一般为"黄绿相间"双色。

铜排主要用在一次线路上（大电流的相线、零线以及地线）。电柜之间连接的一般称为主母排，而主母排分到每个电柜内的开关电器上的称为分支母排。

铜排也有镀锡的，一般在电柜的连接处都会做镀锡处理和压花处理或者加导电膏。空余处有时加热缩套管保护，有的也会用绝缘漆。

选择铜排最主要的原因是载流量，根据电流的大小选择合适的铜排，并且连接处的螺钉必须拧紧，否则电流大时可能会烧熔铜排。

### 7.2.2　铜排的选择

**1. 一般矩形铜排的载流量公式为**

$$铜排载流量(40\ ℃) = 铜排宽度(mm) × 厚度系数$$

其中厚度系数为：

| 母排厚度/mm | 12 | 10 | 8 | 6 | 5 | 4 |
|---|---|---|---|---|---|---|
| 厚度系数 | 20 | 18 | 16 | 14 | 13 | 12 |

而 2 层铜排 = (1.56 ~ 1.58) × 单层铜排

3 层铜排 = 2 × 单层铜排

4 层铜排 = 2.45 × 单层铜排(不推荐,可采用异形铜排)

铜排(40℃) = 铜排(25℃) × 0.85

铝排(40℃) = 铜排(40℃)/1.3

零（N）排母线按照相排母线的一半选取，但不得小于 $16mm^2$。

一次母线应选用带圆角的铜母线，以避免尖端放电。在选择母线时，除了考虑动热稳定因素外，其载流量应按母线长期允许工作稳定为 +70℃、周围空气温度为 +30℃ 的数据选配。

**2. 保护导体的选择**

根据 GB 7251.1—2005《低压成套开关设备和控制设备第 1 部分型式试验和部分型式试验成套设备》的规定，外部导体所连接的成套设备内的保护导体（PE，PEN）的截面积可参考下述方法选择：

保护导体（PE、PEN）的截面积不应小于表 7-1 中给的值。如果表 7-1 用于 PEN 导体，在中性线电流不超过相线电流 30% 的前提下是允许的。

如果应用表 7-1 得出非标准尺寸，则应采用最接近的较大的标准截面积的保护导体（PE、PEN）。

只有在保护导体（PE、PEN）的材料与相导体的材料相同时，表 7-1 中的值才有效。如果材料不同，保护导体（PE、PEN）的截面积的确定要使之达到与表 7-1 相同的导电效果。对于 PEN 导体，下述补充要求应适用：

1）最小截面积应为铜 $10mm^2$ 或铝 $16mm^2$；

表 7-1　保护导体的截面积（PE，PEN）　　　　　（单位：$mm^2$）

| 相导体的截面积 S | 相应保护导体的最小截面积 |
| --- | --- |
| S≤16 | S |
| 16 < S≤35 | 16 |
| 35 < S≤400 | S/2 |
| 400 < S≤800 | 200 |
| 800 < S | S/4 |

2）在成套设备内，PEN 导体不需要绝缘；

3）结构部件不应作 PEN 导体，但铜质或铝制安装导轨可用作 PEN 导体。

**3. 其他相应的规则**

请查阅相关的标准：

1. 低压开关柜可参考 GB7251.1—2005《低压成套开关设备和控制设备第 1 部分型式试验和部分型式试验成套设备》。

2. 高压开关柜可参考 GB3906—2006《3 ~ 35kV 交流金属封闭开关设备》。

# 参 考 文 献

［1］ 中国电力企业联合会. GB/T 50065—2011 交流电气装置的接地设计规范［S］. 北京：中国计划出版社，2011.

［2］ 西门子(中国)有限公司《S7-300 cpu31xc 和 31x 的安装》.

［3］ 西门子(中国)有限公司《S7-400 硬件及安装手册》.

［4］ 西门子(中国)有限公司《S7-1200 可编程控制器》.

［5］ 西门子(中国)有限公司《S7-1500/ET200MP 自动化系统手册》.

［6］ 西门子(中国)有限公司《S7-1500/ET200MP Analog value processing》.

［7］ 西门子(中国)有限公司《PROFIBUS Installation Guideline for Cabling and Assembly》.

［8］ 西门子(中国)有限公司《PROFINET Installation Guideline for Cabling and Assembly》.

［9］ 中国国家标准化管理委员会. GB 16895.3—2004 建筑物电气装置 第 5-54 部分：电气设备的选择和安装 接地配置、保护导体和保护联结导体［S］. 北京：中国标准出版社，2004.

［10］ 中国电力企业联合会. GB 50169—2006 电气安装工程接地装置施工及验收规范［S］. 北京：中国计划出版社，2006.

［11］ 西门子(中国)有限公司《EMV_01_2012_en_en-US》.

［12］ GB 7251.1—2013 低压成套开关设备和控制设备第 1 部分：总则［S］. 北京：中国标准出版社，2014.

［13］ 西门子(中国)有限公司《SIMOCODE pro System Manual》.

［14］ 西门子(中国)有限公司《5SD74 过压保护装置手册》.